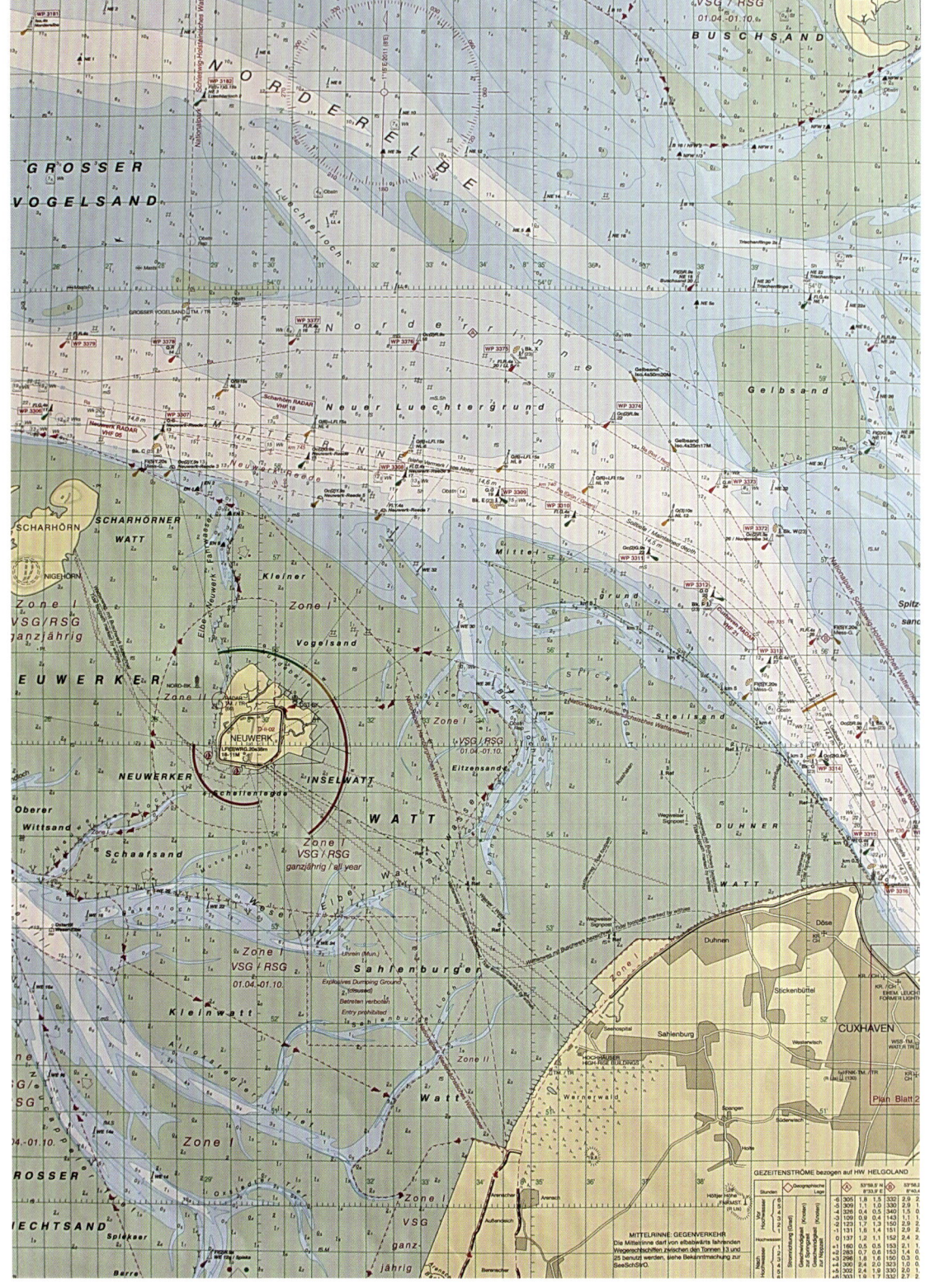

Peter Pospiech

Von Wächtern und Nutzern

Spezialschiffe in der Nordsee

Mit 141 Abbildungen

Sextant

Edition Falkenberg

Bildnachweis:

Seite 1: DGzRS
Seite 6: Verlagsarchiv
Seite 15: rechts unten NORDIC: Bugsier
Seite 40: A+R (Abeking + Rasmussen)
Seite 42: oben und unten: A+R (Abeking + Rasmussen)
Seite 44: Bugsier
Seite 57: Grafik: Peter Pospiech
Seite 94: SIEM OFFSHORE AS
Seite 100:Norden-Frisia
Seite 111: Grafik: Schramm group
Seite 126/127: Krabbenbild: Verlagsarchiv
Seite 130/131: BSH
Seite 132: Bugsier
Alle übrigen Aufnahmen: Peter Pospiech

Umschlag vorn: SIEM Offshore, die kleinen Bilder alle P. Pospiech

Vorsatz: Verkehrstrennungsgebiete sind die Autobahnen auf dem Wasser
Nachsatz: Die Nordsee: Eines der am dichtesten befahrenen Weltmeere, Quelle: WSV
Frontispiz (S. 2): Fahrwasser der Außenelbe

1. Auflage 2014
Copyright © Edition Falkenberg, Bremen
ISBN 978-3-95494-047-9
www.edition-falkenberg.de

Inhalt

Verkehrstrennungsgebiete, sogenannte Zwangswege, sorgen für sicheren Schiffsverkehr

Prolog:
Die Nordsee und ihr UNESCO-Weltkultur-
erbe Wattenmeer

Die Nordsee, ein Meer, das für seine wechselnden Wetterlagen und gefährlichen Seegänge berüchtigt ist, gilt als eine der am meisten befahrenen Schifffahrtsregionen der Welt – mit täglich einigen hundert Schiffsbewegungen und jährlich rund 420.000 Verschiffungen in den Nordseehäfen. Durchschnittlich 280 Havarien jährlich ereignen sich allein vor der deutschen Küste. Besonders an den engen Stellen wird's gefährlich: im Ärmelkanal, im Großen Belt, der die Nordsee mit der Ostsee verbindet, und in der Elbemündung mit der Einfahrt in den Nord-Ostsee-Kanal.

Seit den späten 1960er Jahren gilt in der Nordsee ein System der Zwangswege (siehe Karte im Vorsatz): Um den Schiffsverkehr möglichst reibungslos und unfallfrei zu gestalten, werden sowohl spezielle Tiefwasserwege ausgewiesen als auch sich gegenseitig behindernder Schiffsverkehr systematisch getrennt. Diese Verkehrstrennungsgebiete regeln mit genau vorgeschriebenen Fahrwasserbreiten für jede Fahrtrichtung den Verkehr. In der Nordsee ist die Ansteuerung zum Beispiel von Hamburg durch die Deutsche Bucht mit der nördlichen und südlichen Schifffahrtsstraße eine der meist befahrenen Wasserstraßen der Welt.

Die wichtigsten Tiefwasserwege laufen von der Straße von Dover in die Deutsche Bucht, große Häfen haben jeweils eigene Zugangswege, die im Bedarfsfall mit Ausbaggerungen bei einer konstanten Wassertiefe gehalten werden.

Laufende Veränderungen des Fahrwassers im Küsten- und Flussbereich von Ems, Weser und Elbe durch Versandung aufgrund

von Ebbe und Flut bedeuten für die zuständigen Wasserbehörden und die Schifffahrt eine ständige Herausforderung! Schwimmende und feste Seezeichen (Fahrwassertonnen, Baken und Pricken etc.) unterliegen einer ständigen Veränderung ihrer Position und müssen korrigiert werden. Fahrrinnen müssen freigehalten und ausgebaggert werden. Kapitäne und Lotsen müssen sich immer wieder veränderten Bedingungen anpassen.

Verantwortlich für die »Gewährleistung der Sicherheit und Leichtigkeit des Schiffsverkehrs« ist der Bund. Er verwaltet die

Blick auf die Nordsee, vom Weltall aus gesehen

Erhöhte Aufmerksamkeit für Kapitäne und Lotsen im engen Fahrwasser der Außenelbe

Bundeswasserstraßen mit eigenem Verwaltungsunterbau (Wasser- und Schifffahrtsverwaltung des Bundes – WSV) und ist damit sowohl für die Erhaltung der Bundeswasserstraßen in einem für die Schifffahrt erforderlichen Zustand (Strompolizei) als auch für die Sicherheit des Schiffsverkehrs (Schifffahrtspolizei) zuständig.

Am 26. Juni 2009 hat die UNESCO das Wattenmeer als grenzüberschreitende Weltnaturerbestätte anerkannt. Das Wattenmeer ist eines der weltweit größten und wichtigsten gezeitenabhängigen Feuchtbiotope und hat als Rastgebiet für Zugvögel globale Bedeutung. Ausschlaggebend für die Aufnahme in die UNESCO-Welterbeliste waren außerdem die außergewöhnlich große Artenvielfalt sowie die ökologische und geomorphologische Bedeutung des Wattenmeers. In die Welterbeliste wurde ein 10.000 km² großes Gebiet in den Niederlanden und Deutschland aufgenommen.

Das Wattenmeer bildet die weltweit größte zusammenhängende Fläche aus Schlick- und Sandwatt. Insgesamt macht es 60 % aller Tidegebiete in Europa und Nordafrika aus. Neben der reinen Wattfläche gehören zahlreiche andere Lebensräume, wie zum Beispiel Salzwiesen, Marschflächen, Dünen und Sandbänke, zu der eingerichteten Schutzzone.

Einzigartig ist die außerordentlich große Artenvielfalt. Etwa 10.000 Arten leben im Wattenmeer. Die Salzwiesen beherbergen rund 2.300 Pflanzen- und Tierarten, die marinen und brackwasserhaltigen Zonen circa 2.700 weitere Arten. Zu den im Wattenmeer lebenden Säugetieren zählen Seehunde, Kegelrobben und Schweinswale. Im Schlick tummeln sich Muscheln, aber auch Krebse, Faden- und Strudelwürmer. Das Watt ist Laichplatz von zahlreichen Meeresfischen wie Scholle und Seezunge. Das große Nahrungsangebot macht das Wattenmeer unentbehrlich als Zwischenstopp für Zugvögel. Auf ihrem Weg von Südafrika entlang der Atlantikküste nach Nordsibirien oder Kanada ist das Wattenmeer als Rast-, Mauser- und Überwinterungsgebiet überlebenswichtig. Durchschnittlich ziehen jähr-

Im Juni 2009 hat die UNESCO das Wattenmeer als Weltnaturerbe anerkannt

lich zehn bis zwölf Millionen Zugvögel durch das Gebiet.

In die Welterbeliste wurden das niederländische Wattenmeer-Schutzgebiet sowie die deutschen Wattenmeer-Nationalparks Niedersachsens und Schleswig-Holsteins aufgenommen. Seit Juni 2011 gehört auch der Nationalpark Hamburgisches Wattenmeer dazu. Das Schutzgebiet liegt an der Elbemündung vor Cuxhaven und umfasst auch die Inseln Neuwerk, Nigehörn und Scharhörn.

Das Wattenmeer ist ein äußerst anspruchsvolles Seegebiet. Es ist flach, weist starke Strömungen auf, erfordert die Beachtung der Gezeiten, und ständig ändert sich die Lage von Sandbänken und Fahrrinnen. Es liegt in der Westwindzone, die durch schnell wechselnde Wetterlagen, zahlreiche Sturmlagen und oftmals durch eingeschränkte Sichtweiten gekennzeichnet ist.

Mit dem vorliegenden Text-/Bildband werden erstmalig ausgesuchte Spezialschiffe vorgestellt, so wie man sie noch nie gesehen hat. Es werden Schiffe unterschiedlicher Art und Größe, ihre Besatzungen, Aufgaben sowie ihre Technik vorgestellt – darunter der erste ostfriesische Inselversorger mit Blauem Engel und der Mehrzweck-Tonnenleger, der für die Sicherheit der Schiffsrouten verantwortlich ist, der Zollkreuzer und die Lotsenstationsschiffe mit ihren Versetztendern, der Kabelleger und sein Spezialschlepper, das Installationsschiff für die Errichtung von Offshore-Windkraftanlagen sowie das dazugehörige Versorgungsschiff in Katamaran-Bauweise. Ebenso wird das Peilschiff vorgestellt, das ermittelt, wie tief die Elbemündung ist, wie auch der Saugbagger, der die Wasserstraßen für die Schifffahrt freihält und auch für die Ölunfallbekämpfung vorgesehen ist, das Fischereischutzboot, das die Fischer kontrolliert. Nicht zu vergessen die zahlreichen, unverzichtbaren freiwilligen Seenotretter an der Küste und der »Schutzengel« in der Nordsee: der Notschlepper NORDIC, und die besonderen Doppelend-Inselfähren im nordfriesischen Wattenmeer.

Meterhohe Heckwelle eines Seenot-Rettungskreuzers

Wissenswertes

*Nur was man kennt
oder versteht, kann man lieben.
Nur was man liebt, kann man schützen.*

Francoise Latour

- Vor etwa 11.000 Jahren, mit dem Ende der Eiszeit, erhielt die Nordsee ihre jetzige Form.
- 20 bis 25 cm stieg das Wasser im letzten Jahrhundert.
- 12,5 Std. beträgt der Rhythmus, in dem sich Ebbe und Flut abwechseln.
- Zwischen 2 und 4,5 m beträgt der Tidenhub an der deutschen Nordseeküste, je nach Küstenform und -lage.
- 94 m beträgt die durchschnittliche Wassertiefe.
- Mit ungefähr 47.000 km^3 wurde der »Wasserinhalt« der Nordsee berechnet.
- 580.000 km^2 beträgt die Fläche.
- Der Salzgehalt der Nordsee liegt zwischen 15 und 25 ‰ in der Nähe der Flussmündungen und bis zu 32 – 35 ‰ in der nördlichen Nordsee.
- Am 26. Juni 2009 hat die UNESCO das Wattenmeer als grenzüberschreitende Weltnaturerbestätte anerkannt.
- Einzigartig ist die außerordentlich große Artenvielfalt.
- Etwa 10.000 Arten leben im Wattenmeer.
- Die Salzwiesen beherbergen rund 2.300 Pflanzen- und Tierarten, die marinen und brackwasserhaltigen Zonen circa 2.700 weitere Arten.
- Zu den im Wattenmeer lebenden Säugetieren zählen Seehunde, Kegelrobben und Schweinswale.
- Im Schlick tummeln sich Muscheln sowie Krebse, Faden- und Strudelwürmer.
- Das Watt ist Laichplatz von zahlreichen Meeresfischen wie Scholle und Seezunge. Das große Nahrungsangebot macht das Wattenmeer unentbehrlich als Zwischenstopp für Zugvögel. Auf ihrem Weg von Südafrika entlang der Atlantikküste nach Nordsibirien oder Kanada ist das Wattenmeer als Rast-, Mauser- und Überwinterungsgebiet überlebenswichtig.
- Durchschnittlich ziehen jährlich zehn bis 12 Mio. Zugvögel durch das Gebiet.
- Derzeit sind in Deutschland drei Offshore-Windparks in Betrieb: alpha ventus (60 MW) und BARD Offshore I (80 MW) in der Nordsee sowie Baltic 1 (48,3 MW) in der Ostsee.
- Über 60 weitere Offshore-Projekte befinden sich momentan in der Planung, in Genehmigungsverfahren bzw. im Bau.

Wächter zum Nutzen der Schifffahrt: Der Leuchtturm Roter Sand wurde 1885 erbaut und 1986 außer Betrieb genommen

Das Sicherheitskonzept Deutsche Küste*

und seine Schiffe zur Sicherung der Schiffsrouten

Die Wirtschaftskraft der Bundesrepublik Deutschland basiert in nicht unerheblichem Maß auf dem Im- und Export von Gütern und ist daher abhängig vom Außenhandel. Etwa ein Fünftel dieses Außenhandels wird im Seeverkehr über die deutschen Häfen an Nord- und Ostsee abgewickelt.

Am 25. Oktober 1998 geriet die PALLAS vor der dänischen Küste in Brand, ein Seemann starb. Die dänische Küstenwache lehnte es mangels Schlepperkapazitäten ab, die PALLAS nach Esbjerg zu bergen. In den nächsten Tagen driftete die PALLAS auf die deutsche Nordseeküste zu und havarierte vor Amrum. Erst 20 Tage nach dem Ausbruch des Brandes wurde mit den Löscharbeiten begonnen. Das ausgetretene Öl führte zum Tod von ca. 12.000 Seevögeln und zur Beeinträchtigung des Meeres und der Küste.

Das Unglück der PALLAS machte vor allem deutlich, dass die Koordination und Kooperation zwischen den deutschen Bundes- und Landesbehörden, den Landesbehörden untereinander sowie zwischen deutschen und dänischen Behörden unzureichend war.

Lehren aus der PALLAS-Katastrophe

Zur Gewährleistung der Verkehrssicherheit innerhalb der Ausschließlichen Wirtschaftszone (AWZ) in Nord- und Ostsee hat das Bundesministerium für Verkehr, Bau und Stadtentwicklung (BMVBS) zusammen mit der Wasser- und Schifffahrtsverwaltung (WSV) das »Sicherheitskonzept Deutsche Küste« entwickelt, das ständig den Entwicklungen in der Seeschifffahrt und den Bedürfnissen der maritimen Umwelt angepasst und fortgeschrieben wird. Es besteht aus einer Vielzahl von untereinander verzahnten Komponenten (Wasserfahrzeugen), die jeweils einzeln, insbesondere aber in der Summe betrachtet, einen erheblichen Beitrag zur maritimen Verkehrssicherheit leisten.

Das Sicherheitskonzept des Bundes differenziert nach Präventiv- und Bekämpfungsmaßnahmen. Es umfasst die Aufgabengebiete »Sicheres Schiff«, »Sicherer Verkehrsweg« und »Optimiertes Unfallmanagement«. Dazu gehören auch Maßnahmen, für die neben der WSV andere Behörden und Institutionen wie zum Beispiel das Bundesamt für Seeschifffahrt und Hydrographie (BSH), die Seeberufsgenossenschaft (SeeBG), das Havariekommando (HK) und die Deutsche Gesellschaft zur Rettung Schiffbrüchiger (DGzRS) zuständig sind.

Primär zielt das Sicherheitskonzept auf die Vermeidung von Schiffsunfällen ab. Da sich jedoch nicht alle Unfälle vermeiden lassen, nehmen das Unfallmanagement und die Bekämpfung bereits eingetretener Schäden einen wichtigen Platz im Sicherheitskonzept ein. Beispielhaft für den Erfolg dieser Strategie mag das Verhältnis von

*) Quelle: www.bmvbs.de

Oben: Die Bundespolizei nimmt mit ihren Schiffen in der Nord- und Ostsee die polizeilichen Aufgaben im und außerhalb des Küstenmeeres sowie auf hoher See wahr. Mitte: Die modernen Zollboote, in SWATH-Bauweise, sind zuständig für die zollrechtlichen Belange auf den deutschen See- und Wasserstraßen und an den Seegrenzen. Unten: Die Wasserschutzpolizei ist für die Einhaltung von See- und Binnenschifffahrtsvorschriften, Gefahrenabwehr im Bereich Schifffahrt, Umweltschutz etc. zuständig

Verkehrsfrequenz zu Unfallquote in der Inneren Deutschen Bucht sein.

Trotz einer wachsenden Verkehrsdichte sowie größer werdender Schiffseinheiten konnte die Unfallquote bei einem Verkehrsaufkommen von rund 73.000 meldepflichtigen Schiffen (Länge über 50 m) auf 0,0035 % minimiert werden. Nicht eingerechnet sind hier Ankerverluste und Kollisionen mit Seezeichen. Die Entwicklung und Fortschreibung der einzelnen Systemkomponenten erfolgt auf nationaler, multinationaler (EU) und internationaler Ebene.

Maritime Verkehrssicherung

Der Schiffsverkehr in der Deutschen Bucht, in Teilen der Ostsee und in den Zufahrten zu den deutschen Seehäfen wird von den Verkehrszentralen (VZ) kontinuierlich überwacht. Die VZen sind Organisationseinheiten der Wasser- und Schifffahrtsämter (WSÄ) und werden international als Vessel Traffic Service Center (VTSC) bezeichnet. Sie nehmen einen großen Teil der schifffahrtspolizeilichen Aufgaben des jeweiligen WSA wahr.

Die VZen sind rund um die Uhr mit qualifizierten Nautikern (Nautiker vom Dienst (NvD)/ Nautischer Assistent (NAss)) besetzt. Der NvD kann bei erkannten Gefahren unmittelbar auf den Schiffsverkehr einwirken und im Rahmen der Gefahrenabwehr den betroffenen Schiffsführer zu einem bestimmten Tun, Dulden oder Unterlassen zwingen. Jeder Führer eines mit einer UKW-Sprechfunkanlage ausgerüsteten Schiffes ist verpflichtet, bei der Befolgung der Vorschriften über das Verhalten im Verkehr die von einer VZ gegebenen Verkehrsinformationen und -unterstützungen abzuhören und diese unverzüglich zu berücksichtigen.

Die im Rahmen der Verkehrsregelung angeordneten Maßnahmen können falls nötig mit Zwangsmitteln durchgesetzt werden.

Die Aufgaben der Küstenwache

Die deutsche Küstenwache ist eine nationale, dem Innenministerium unterstehende Behörde zur Sicherung und Kontrolle des Seeverkehrs (Schifffahrtspolizei), zur Rettung in Not- und Katastrophenfällen und zur Prävention und Verfolgung von Straftaten im Küstenmeer, auf der Hohen See sowie von Umweltschutzbestimmungen.

In der Bundesrepublik Deutschland werden diese Aufgaben von dem 1994 gegründeten Koordinierungsverbund Küstenwache aus mehreren Bundesbehörden und -anstalten (Bundeszollverwaltung/Wasserzoll, Bundespolizei, Wasser- und Schifffahrtsverwaltung, Bundesanstalt für Landwirtschaft und Ernährung) sowie deren speziellen Wasserfahrzeugen wahrgenommen. Seit dem 1. Januar 2007 ist die Bundespolizei als Sicherheitspartner im Gemeinsamen Lagezentrum See (GLZ-See) des maritimen Sicherheitszentrums (MSZ) in Cuxhaven vertreten.

Im GLZ-See arbeiten die operativen Einheiten des Bundes und der Küstenländer in der Struktur eines »optimierten Netzwerkes« zusammen (Maritimes Lagezentrum des Havariekommandos, die Wasser- und Schifffahrtsverwaltung, die Leitstelle der Wasserschutzpolizeien der Küstenländer sowie die Einsatzleitstelle der Bundespolizei See, des Zolls und der Fischereiaufsicht). Der Informationsaustausch, die Koordinierung der Einsatzmittel und die gegenseitige Unterstützung in besonderen Lagen werden im GLZ-See optimiert. Die bestehenden Zuständigkeiten der einzelnen Behörden bleiben unverändert.

Erkennungsmerkmale aller in der Küstenwache eingesetzten Schiffe und Boote sind:

- der Schriftzug »Küstenwache«,
- die Schwarz-Rot-Gold-Kennzeichnung am Schiffsrumpf und
- das Wappen der Küstenwache.

Oben: Zu den alltäglichen Arbeiten der Gewässerschutzschiffe (GS) gehören schifffahrtspolizeiliche Aufgaben und die Bearbeitung schwimmender Seezeichen. Mitte: Die bundeseigenen Fischereischutzboote überwachen im staatlichen Auftrag die Einhaltung der Fischereivorschriften auf den Fangplätzen der Küsten- und Hochseefischerei. Unten: Notschlepper NORDIC ist ein Hochsee-Bergungsschlepper, der auf einer ständigen Seeposition nördlich der Insel Norderney stationiert ist

Das neue Peilschiff GRIMMERSHÖRN des Wasser- und Schifffahrtsamts in Cuxhaven

GRIMMERSHÖRN weiß, wie tief die Elbe ist

Das neue Peilschiff ersetzt die 64 Jahre alte GREIF

Über die Elbvertiefung wurde schon viel geredet und diskutiert. Doch wie tief die Fahrrinne der Elbe an den unterschiedlichen Stellen tatsächlich ist, wo es Untiefen gibt, weiß kaum ein anderer besser als Kapitän Manfred Schriever. Als Mitarbeiter des Wasser- und Schifffahrtsamtes Cuxhaven hat Schriever seit neun Jahren mit dem 64 Jahre alten Peilschiff GREIF die Elbe vermessen. Dann bekam er ein modernes, neues Schiff.

Nach fast genau einjähriger Bauzeit übergab die Fassmer Boots- und Schiffswerft in Berne/Motzen an der Weser das neue Peilschiff an Kapitän Manfred Schriever, der es im Auftrag des Wasser- und Schifffahrtsamtes WSA in seinen neuen Heimathafen Cuxhaven überführte. Der mit neuester Peiltechnik ausgerüstete Neubau ersetzt das alte Peilschiff GREIF, das seit 1968 für die Seevermessung in Cuxhaven im Einsatz war.

Die Hauptaufgabe der GRIMMERS-HÖRN, benannt nach der Cuxhavener Badebucht, ist die Vermessung der Fahrrinne und des Fahrwassers auf der Außen- und Unterelbe, in Ausnahmefällen auch bis Wedel bei Hamburg. Dies geschieht teils in regelmäßigen Abständen, teils auch nach Bedarf wie zum Beispiel nach Baggereinsätzen oder Grundberührungen von Schiffen. In diesem Bereich werden durch Ebbe und Flut unglaubliche Mengen Sediment angespült, was erhebliche Veränderungen der Wassertiefe zur Folge hat. Die Peilergebnisse werden auf Peilplänen ausgedruckt und der Schifffahrt sowie den Lotsen zur Verfügung gestellt, aber auch im WSA Cuxhaven für die Baggereinsatzplanung und für gewässerkundliche Untersuchungen genutzt.

Hierfür ist die GRIMMERSHÖRN mit einem Fächer- sowie einem Einschwingerecholot ausgerüstet. Rund 300.000 Euro hat die gesamte Vermessungsanlage gekostet. Zusätzlich gehören zu der Anlage noch ein Empfänger für GPS-Systeme zur dreidimensionalen Positionierung und die notwendige Datenverarbeitung. Zu der Ausrüstung gehören auch ein Bewegungssensor, er hilft, die Auswirkungen der Schiffsbewegungen auf das Vermessungsergebnis zu minimieren, sowie mehrere Wasserschallgeschwindigkeitssensoren, um die mit der Tide sich ständig verändernde Schallgeschwindigkeit im Wasser exakt bestimmen zu können.

Messtechniker vor den Peilgeräten

Das eingesetzte Fächerecholot liefert bis zu 20.000 Tiefenwerte pro Sekunde und deckt einen Messstreifen von bis zu einer 6-8 fachen Wassertiefe ab, d.h. bei einer Wassertiefe von 25 m wird ein über 150 m breiter Messstreifen erfasst. Somit entstehen detailreiche Aufnahmen von dem Flussbett der Elbe, die mit den bisherigen Einzelschwingersystemen der alten GREIF nicht möglich waren.

Oben:
Tiefenpeilung wird sofort aufgezeichnet

Unten:
Streifenmäßig wird das Elbefahrwasser auf Tiefe überprüft

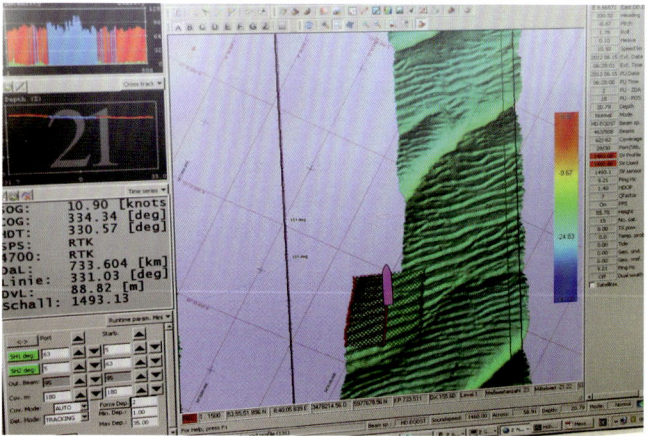

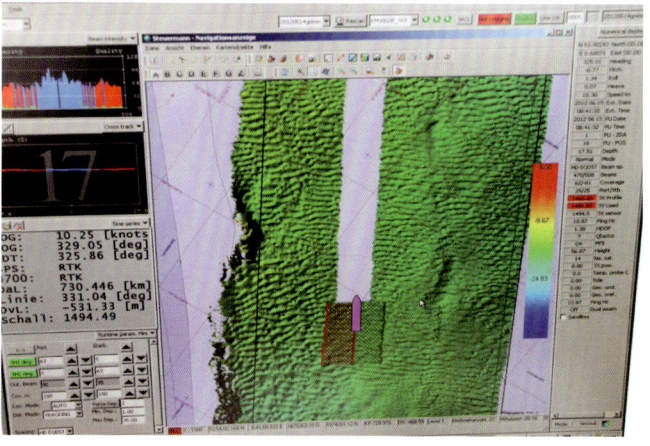

Ein Tag an Bord der GRIMMERSHÖRN

Es ist noch früh an diesem Morgen. Kapitän Schriever hat mich eingeladen, das neue Schiff während einer Messfahrt zu begleiten. Pünktlich um 7 Uhr gibt er ruhig und professionell das Kommando zum Losmachen aller Leinen. Langsam gleitet die GRIMMERSHÖRN von ihrem Liegeplatz beim Wasser- und Schifffahrtsamt Cuxhaven in die Elbe. Nur eine kurze Strecke Richtung See, vorbei an dem weltweit bekannten Wahrzeichen der Stadt, der Kugelbake, fährt das Schiff. Dann hat es seinen heutigen zu messenden Abschnitt, zwischen den Tonnen 25 und 26, erreicht.

Mehrere Stunden fährt das Schiff Streifen für Streifen zwischen den beiden Tonnen ab und vermisst exakt die bestehende Tiefe. Der Messtechniker Ralf beobachtet an den Monitoren der Computer genau, wie die Messungen aussehen bzw. verzeichnet werden. »Hier kannst du sehen, wie sehr die westlichen Winde und Strömungen Sand in das Fahrwasser geschoben haben«, erklärt er mir, »nach Beendigung unserer heutigen Messung erhält das Peilbüro unsere Daten und die werden alsbald einen Bagger in dieses Gebiet schicken, damit das Fahrwasser wieder seine Solltiefe erreicht.«

Mit 38,10 m Länge, 8,40 m Breite und 3 m Tiefgang bei einer Seitenhöhe von 4,60 m hat die GRIMMERSHÖRN ungefähr die gleichen Abmessungen wie ihr Vorgängerschiff GREIF. Mit ihrer Maschinenleistung von 969 kW bei 1.800/min erreicht sie eine Geschwindigkeit von 13,8 kn. Das Schiff wird mit einer Besatzung von vier Mann gefahren. Die geräumigen und komfortablen Unterkünfte erlauben auch die Unterbringung weiblichen Schiffspersonals und Schiffsmechaniker-Auszubildenden. Der Neubau wurde vom Germanischen

Kapitän Manfred
Schriever bekommt
letzte Informationen
zu dem heutigen
Peilgebiet

Lloyd mit dem Klassezeichen GL+100A5K »Sounding Vessel« versehen und ist für die nationale Fahrt zugelassen.

Der moderne Ein-Mann-Fahrstand in einem großzügigen Ruderhaus mit optimaler Rundsicht und ein wachfreier Maschinenraum gewährleisten einen wirtschaftlichen Betrieb. Die nautische Ausrüstung des Neubaus umfasst eine Radaranlage sowie elektronische Seekarten, ein Inland-AIS-Transponder-System sowie eine Selbststeueranlage. Weiterhin verfügt die GRIMMERSHÖRN über ein Navigationslot, einen DGPS-Empfänger, eine UKW-Seefunkanlage und einen Pegeldatenfunkempfänger.

Der Antrieb der GRIMMERSHÖRN erfolgt über eine Ein-Motoren-Anlage, die ihre 969 kW an ein Untersetzungsgetriebe mit Autotroll/Schleichfahrteinrichtung über eine Kupplung an den Festpropeller abgibt. Der freischlagende Festpropeller mit vier Flügeln hat einen Durchmesser von 1.750 mm. Zur Manövrierungsunterstützung wurde im Vorschiff ein Schottel Querstrahl-

ruder eingebaut. Zwei Bordstromerzeugersätze leisten 265 und 78 kW – sie sorgen für eine sichere Bordstromversorgung.

Seit Anfang des Jahres 2010 leistet die GRIMMERSHÖRN damit einen erheblichen Beitrag zur Verkehrssicherheit und Wirtschaftlichkeit der Unterhaltung des Hauptfahrwassers von Unter- und Außenelbe.

Schiffsinformation
Peilschiff GRIMMERSHÖRN

Eigner: Bundesministerium für Verkehr, Bau und Stadtentwicklung (BMVBS), Berlin; Betreiber: WSA Cuxhaven; Bauwerft: Fassmer Boots- und Schiffswerft, Berne; Baujahr: 2009; BRZ: 8.817 t; Abmessungen: Länge: 38,10 m, Breite: 8,40 m, Tiefgang: max. 3 m; Antrieb: 1 x Cummins KTA 38-M2 K/C-Reihenmotor; Leistung: 969 kW; Bordstromerzeuger: Cummins 6BT5.9 (78 kW bei 1.500/min) und QSM 11-D (265 kW bei 1.500/min); Geschwindigkeit (max.): 13,8 kn; Bugstrahlruder: 1 x Schottel Querstrahlruder, Typ STT 110FP; Crew: 4

NEUWERK vor Anker

Auf Kontrollfahrt mit der NEUWERK vor Neuwerk

Polizist, Notschlepper, Havarie-bekämpfer

Die Wasser- und Schifffahrtsverwaltung des Bundes hält in der Nord- und Ostsee an 365 Tagen rund um die Uhr vier eigene Mehrzweckschiffe vor – auch Gewässer-schutzschiffe oder Schadstoffunfall-bekämpfungs-Schiffe, SUBS, genannt. Grundlage ist das Verkehrssicherungskon-zept Deutsche Küste. Im Rahmen der Vor-sorge dient es vor allem der Vermeidung von Schiffsunfällen und Meeresverschmut-zungen. Darüber hinaus regelt es auch das Vorgehen im Falle einer Havarie.

Um zu erfahren, wie die Arbeit an Bord eines der modernsten Schutzschiffe der Welt aussieht, hat der Autor das Mehr-zweckschiff NEUWERK mehrere Tage lang bei seiner Arbeit auf See begleitet.

Es klappt alles wie am Schnürchen, oder: Auf Seeleute kann man sich verlassen!

Kapitän Knud Miles hat mich gebeten, pünktlich zur vereinbarten Zeit an der Pier des WSA in Cuxhaven zu sein. 15 Minuten vor der Zeit kommt in schneller Fahrt das Speedboot der NEUWERK längsseits des Anlegers. Zwei Matrosen helfen bei der Übernahme von Passagier und Gepäck – und schon rauschen wir aus dem Hafen in die Elbe, wo in nicht allzu großer Entfer-nung das Schiff mit laufenden Motoren auf uns wartet.

Schon von Weitem kann man an der schwarzen Bordwand den weißen Schrift-zug »Küstenwache« lesen sowie die Schwarz-Rot-Gold-Kennzeichnung am Schiffsrumpf und das Wappen der Küsten-wache an den Aufbauten. Keine weiteren zehn Minuten später ist das Schlauchboot bei der NEUWERK angekommen, – wird unter dem Davit positioniert und an dem bereits heruntergelassenen Stahlseil im Boot eingeklinkt. Sogleich geht der »Boots-Fahrstuhl« in die Höhe, rastet an seinem Fixpunkt ein und bequemen Fußes steigt man an Deck. Bootsmann Ronald Demski bringt mich in die für mich vorgesehene Kabine, wo ich mich einrichten kann. »Ich hole Sie gleich ab und begleite Sie auf die Brücke – der Kapitän erwartet Sie schon.«

Kaum in der Kabine, spüre ich schon sich verstärkende Vibrationen aus dem Schiffskörper: die NEUWERK nimmt Fahrt auf in Richtung offene See.

Eine Fahrwasser-begrenzungstonne wird an Deck geholt

Drei Decks höher auf der Brücke angekommen, empfängt mich ein freundlich lächelnder, hochgewachsener Mensch: Kapitän Knud Miles. »Sie wollen also sehen, wie wir arbeiten und was unsere Aufgaben sind? Dem können wir entsprechen. Meine Crew wird versuchen, auf alle Ihre Fragen eine Antwort zu haben.« Der nautische Wachoffizier Dirk Doliwa steuert zurzeit das Schiff und hört aufmerksam den Schiffsfunkverkehr ab.

Während Doliwa Kurs Helgoland hält, bleibt dem Kapitän Zeit, über sein Schiff zu berichten, über das er schon während der Bauzeit ab der Kiellegung im Februar 1997 auf der Volkswerft Stralsund bis zur Fertigstellung im Juli 1998 die Bauaufsicht hatte. »Dieses Schiff ist einmalig auf der Welt«, schwärmt Miles nicht ohne Stolz. Angesiedelt bzw. Heimathafen der NEUWERK ist das Wasser- und Schifffahrtsamt, WSA, in Cuxhaven. Von dort aus operiert sie weit hinaus in die Deutsche Bucht. Das zu überwachende Gebiet hat eine ungefähre Größe von 30.000 km² und reicht in seiner größten Ausdehnung rund 400 km weit in die Nordsee.

Die NEUWERK hat vielfältige Aufgabenschwerpunkte: neben der Schadstoffunfallbekämpfung die Bearbeitung von

Der starke Bewuchs auf der Tonne muss von Zeit zu Zeit entfernt werden

schwimmenden Seezeichen, d.h. die Kontrolle, die Störungsbeseitigung und das Auswechseln von Tonnen, die Feuerbekämpfung, die Durchführung von Notschleppaufgaben, das Eisbrechen sowie die Wahrnehmung von schifffahrtspolizeilichen Aufgaben. Aus diesen Gründen wurden während der Planung zum Bau des Spezialschiffes besondere Sicherheitsanforderungen gestellt, da das Schiff in gefährlicher, d.h. explosiver und/oder toxischer Atmosphäre einsatzbereit sein muss. Weiterhin wurde die NEUWERK für die Aufnahme, die Lagerung und den Transport von Gefahrstoffen ausgerüstet.

Obwohl Sonntag, hat sich Kapitän Miles eine Übung einfallen lassen. »Wir müssen ständig einsatzbereit sein und unsere Performance testen. Und heute üben wir den Schadstoff-Bekämpfungseinsatz, mit anderen Worten: Wir führen eine Gasschutzübung durch und testen dabei alle relevanten Systeme auf Funktion und Wirkung.«

Das Gasschutzsystem

»Zum Schutz der Besatzung vor toxischen Substanzen besitzt unsere NEUWERK eine Schutzluftanlage, mit der das gesamte Schiffsinnere hermetisch von der Außenatmosphäre abgeschottet werden kann«, erklärt mir Miles und beobachtet dabei die Gasmessanlage. Die ganze Übung dauert rund eine halbe Stunde. Miles ist zufrieden und vermerkt die Übung im Schiffstagebuch.

Das Gasschutzsystem ermöglicht den Einsatz des Schiffes in gefährlicher Außenatmosphäre. Es besteht aus dem Explosionsschutz für den Außenbereich und dem Schutzluftsystem für den Innenbereich, dem sogenannten Zitadellenbereich, des Schiffes. Zur Überwachung wurden Gasmessanlagen eingebaut. Zur Analyse der

kontaminierten Außenatmosphäre sowie für Schadstoffproben ist ein Gaschromatograf/Massenspektrometer vorhanden.

Für den Innenbereich des Schiffes ist der Personen- und Anlagenschutz im Einsatzfall durch eine mit dekontaminierter Luft (Schutzluft) – über eine Aktivkohlefilterstation – versorgte und unter Überdruck, maximal 5 mbar, gehaltene »Zitadelle« gewährleistet. Diese umfasst den Innenbereich des Schiffes wie Kommandobrücke, Wohnräume, Aufenthaltsräume, Werkstätten, Maschinenräume und Hauptarbeitskran.

Für Arbeiten an Deck werden Einsatztrupps unter CSA (Chemieschutzanzüge mit schwerem Atemschutz darunter) über Gasschleusen aus- und eingeschleust. Zum Einschleusen sind Dekontaminierungsvorrichtungen für das eingesetzte Personal vorhanden.

Feuerlöscharbeiten auf See

runden das Spektrum des modernen SUBS ab: Vier leistungsstarke Löschkanonen, sogenannte Monitore, sind an Bord montiert – sie sind in der Lage, das Löschmittel bis zu 120 m weit zu werfen, und entsprechen der sogenannten FiFi1: Fire Fighting Class 1. Ein Monitor ist bis zu einer Höhe von 36 m über sea level hydraulisch ausfahrbar. Der Löschwasserdurchsatz beträgt 20.000 l/min. Ein weiterer Monitor kann von einem Wasserwerfer über eine Revolvervorrichtung auf Schaumwurfanlage umgestellt werden. Als Eigenschutz bei Hitze oder Schadstoffeinwirkung wird eine Seewasser-Spray-Anlage aktiviert, die das gesamte Überwasserschiff besprüht.

Regelmäßige Übungen mit den Berufsfeuerwehren von Land werden unter »Seebedingungen« durchgeführt.

Kapitän Knud Miles und sein Steuermann auf der Brücke

Das Wetter
wird schlechter …

Schifffahrtszeichen bearbeiten

Zwischenzeitlich ist die NEUWERK in Sicht-
weite der Hochseeinsel Helgoland gekom-
men. Langsam und vorsichtig manövriert
sich das Schiff an eine zu überprüfende
Tonne. Unter der Leitung von Bootsmann
Demski stehen Matrosen und Kranführer
bereit, das tonnenschwere Seezeichen
samt seiner Verankerung (Kette und Stein)
an Deck zu heben. Stark bewachsen ist sie.
Die Überprüfung der Tonne zeigt aber, dass
sie kurzfristig ausgetauscht werden muss.
Eine neue Tonne dieser Art ist nicht an Bord
und wird per Funk an den Tonnenhof in Cuxhaven in Auftrag gegeben. Bei nächster
Gelegenheit wird sie ausgetauscht.

Unterhaltungsarbeiten an Tonnen
werden von der NEUWERK von Cuxhaven bis in den »Entenschnabel« ausgeführt. Ich habe den Begriff noch nicht gehört – also erklärt Dirk Doliwa mir, was es
damit auf sich hat: Als AWZ, Ausschließliche Wirtschaftszone, bezeichnet man das
Meeresgebiet seewärts des Küstenmee-

res (Zwölf-Meilen-Zone) bis maximal zur
200-Meilen-Grenze, in dem der angren-
zende Küstenstaat (in diesem Fall die Bundesrepublik Deutschland) in begrenztem
Umfang souveräne Rechte und Hoheitsbefugnisse wahrnehmen kann, insbesonders
das alleinige Recht zur wirtschaftlichen
Nutzung einschließlich des Fischfangs.
Im Rahmen seiner Hoheitsbefugnisse darf
der Küstenstaat künstliche Inseln, Anlagen und Bauwerke, wie zum Beispiel Bohrinseln, errichten und wissenschaftliche
Meeresforschung betreiben. Er ist hierbei
dem Schutz und der Bewahrung der Meeresumwelt und damit dem Naturschutz
verpflichtet.

Und »Entenschnabel« wird das Gebiet
aufgrund seiner Form bezeichnet.

Auf Kontrollfahrt

Die Nordsee zeigt sich am nächsten Tag
von einer ganz anderen Seite: grau und ver-
hangen der Himmel, aufgewühlt die See.

An Deck zu arbeiten
ist jetzt zu gefährlich

Geschätzte Windstärke: 7 bis 8 aus süd-
westlicher Richtung in Böen 9 bis 10. Wellenhöhen ungefähr 2 bis 3 m!

Rollend und stampfend fährt an diesem Tag die NEUWERK Richtung Westen
den nördlichen Tiefwasser-Zwangsweg bis
Borkum ab und kontrolliert dabei Lage und
Zustand der wichtigen Seezeichen. Unre-
gelmäßigkeiten werden vermerkt und ge-
meldet, um sie bei nächster sich bietender
Gelegenheit zu bearbeiten. Bei dem Wetter
ist das heute aber nicht möglich!

Seit den späten 1960er Jahren gilt in der
Nordsee ein System der Zwangswege: Um
den Schiffsverkehr möglichst reibungslos
und unfallfrei zu gestalten, werden sowohl
spezielle Tiefwasserwege ausgewiesen
als auch sich behindernder Schiffsverkehr systematisch getrennt. Diese Verkehrstrennungsgebiete regeln mit genau
vorgeschriebenen Fahrwasserbreiten
für jede Fahrtrichtung den Verkehr. In der
Nordsee ist die Ansteuerung zum Beispiel
von Hamburg durch die Deutsche Bucht mit
der nördlichen und südlichen Schifffahrtsstraße eine der meist befahrenen Wasserstraßen der Welt.

Höhe Borkum, am Grenzgebiet zu den
Niederlanden, dreht die NEUWERK um und
fährt mit geringer Geschwindigkeit wieder
Richtung Helgoland, wo sie am Abend, im
Windschatten der Insel, vor Anker geht –
... und hat dabei stets ein Auge auf eventu-
elle Verschmutzer: Schiffe, die gewollt oder
ungewollt Öl oder andere Schadstoffe in
die See einleiten.

Beim Essen in der Messe, die hier übrigens nicht nach Mannschaftsgraden getrennt ist, erwähnt Kapitän Miles: »Sollte
sich das Wetter weiter verschlechtern,
müssen wir ab Windstärke 8, wie auch die
anderen Mehrzweckschiffe, unsere zu-
gewiesene Bereitschaftsposition vor der
schleswig-holsteinischen Westküste ein-
nehmen. In der Ostsee besteht mit den
SUBS SCHARHÖRN und ARKONA übrigens
das gleiche System. Darüber hinaus hat der
Bund vier Notschlepper gechartert. Der
Notschlepper NORDIC ist nördlich von der
Insel Norderney in der Nordsee im Einsatz,

während in der Ostsee an den kritischen Verkehrsschwerpunkten Notschlepper in Kiel, Warnemünde und Sassnitz stationiert sind. Mit diesem Sicherungssystem sind wir gut aufgestellt. Und sollte sich trotzdem etwas sehr Ungewöhnliches ereignen, regeln im Ernstfall bilaterale Abkommen mit den Nachbarstaaten der Bundesrepublik Deutschland eine gegenseitige Unterstützung mit Notschleppkapazitäten.«

Die Antriebsanlage

Das schlechte Wetter veranlasst mich, Chief Gregor Hahn zu treffen und sein Reich »im Keller« zu besuchen. Man sieht Hahn den Stolz über die hoch komplexe Anlage an. In jede Ecke des Maschinenraums führt er mich und erklärt mir, trotz des unglaublichen Lärms, wir tragen Hörschutz, im Bordjargon »Mickeymäuse« genannt, die Anlage.

Der Antrieb der NEUWERK erfolgt dieselelektrisch über zwei Ruder-Propelleranlagen der Firma Schottel mit einer Eingangsleistung von je 2.900 kW. Zur Erhöhung der Manövrierfähigkeit sowie zur Schuberhöhung wurde im Vorschiff eine Schottel-Pumpjet-Anlage mit einer Leistung von 2.600 kW eingebaut, womit insgesamt ein Pfahlzug von über 110 t erreicht wird.

Die elektrische Energie wird über vier Elektro-Aggregate erzeugt. Aus dem Drehstrom-Schienensystem werden sowohl Bordnetz als auch die Fahrantriebe mit elektrischer Energie versorgt. Je nach Leistungsbedarf können von der Brücke Aggregate zu- oder abgeschaltet werden. Zum Einbau kamen folgende Dieselmotoren: 3 x MTU 16-Zylindermotoren des Typs 595 TC 50 mit je 3.000 kW, ein weiteres Aggregat, das ebenfalls als Hauptmaschine deklariert wurde: MTU 12 V 396er mit 969 kW bei 1.500/min und ein Hilfsdiesel mit einer Leistungsabgabe von 300 kW bei 1.500/min. Die Maschinenanlage ist als wachfreier Betrieb ausgeführt. Alle Dieselmotoren sind für den Gaschutzbetrieb mit den erforderlichen Sicherheitseinrichtungen und Zulassungen bzw. Zertifikaten ausgerüstet.

Die Klassifizierungsgesellschaft, Germanischer Lloyd, zertifizierte die NEUWERK mit dem Klassezeichen GL+100A5 E3 »Oil Recovery Vessel« »Chemical Recovery Vessel« »Tug« +MC E3 AUT, FF1, RP 50%, Icebreaker.

Der nächste Tag steht ganz unter dem Zeichen »Ablösung«. Gegen Mittag läuft die NEUWERK in ihren Heimathafen Cuxhaven ein und sogleich beginnt der Mannschaftswechsel. Mit neuer, ausgeruhter Besatzung und frischer Proviant- und Bunkerübernahme wird der Auslauf für den späten Nachmittag festgesetzt.

Schiffsinformation
Gewässerschutzschiff MS NEUWERK

Eigner: Bundesministerium für Verkehr, Bau und Stadtentwicklung (BMVBS), Berlin; Betreiber: WSA Cuxhaven; Bauwerft: Volkswerft Stralsund GmbH; Baujahr: 1998; BRZ: 3.422 t; Abmessungen: Länge: 78,91 m, Breite: 18,63 m, Tiefgang: max. 5,80 m; Antrieb: 2 x Schottel-Ruderpropeller dieselelektrisch; Leistung: 2 x 2.900 kW; Dieselmotoren: 3 x MTU 16-Zylindermotoren Typs 595 TC 50 mit je 3.000 kW, ein weiteres Aggregat, das ebenfalls als Hauptmaschine deklariert wurde: MTU 12V 396 mit 969 kW; Geschwindigkeit (max.): 15 kn; Bugstrahlruder: 1 x 736 kW; Pfahlzug: 110 t; Crew: 16; Klassifikation: GL+100A5 E3 »Oil Recovery Vessel«, »Chemical Recovery Vessel«, »Tug« +MC E3 AUT, FF1, RP 50 %, Icebreaker; »Chemical Recovery Vessel«

Für den Koch gibt es kein schlechtes Wetter: Die Besatzung hat immer Hunger …

Die NORDSEE auf ihrem Weg zum Verklappungsplatz

NORDSEE macht den Weg frei

Verkehrswege in einzigartiger Landschaft

Deutschlands Küsten sind nicht lang – aber vielfältig und oft einzigartig. Im Westen formen die Gezeiten das große Wattenmeer, zur Ostsee hin finden sich die tief eingeschnittenen Förden, weit verzweigte Bodden und lange Nehrungen. Unterbrochen werden die Küstenlinien durch breite Flussmündungsgebiete, die sogenannten Ästuare, die wiederum Lebensräume eigener Art darstellen.

Zugleich sind die Küsten und Ästuare stark beanspruchte und entsprechend ausgebaute Verkehrswege. Große Universalhäfen wie Hamburg, Bremen/Bremerhaven, Wilhelmshaven, der skandinavisch-baltische Verkehr via Lübeck und Rostock machen sich hier bemerkbar. Hinzu kommt der Nord-Ostsee-Kanal, der ebenfalls Verkehre anzieht.

Starker Verkehr setzt nautische Sicherheit auf verlässlichen Wasserstraßen voraus. Dies macht umfangreiche Unterhaltungsbaggerungen unverzichtbar. Aber beide – Schifffahrt wie Baggerei – haben die Regeln dieser Naturlandschaften zu achten.

Große Mengen in Bewegung

Meeresströmungen, Gezeiten und Seegang bewegen nicht nur Wasser, sondern auch Meeresböden. Um die Sicherheit und Leichtigkeit des Schiffsverkehrs zu ge-währleisten, sind Nassbaggerarbeiten notwendig, um ausreichende Wassertiefen herzustellen und vorzuhalten. In regelmäßigen Abständen werden die vorhandenen Tiefen des gesamten Fahrwassers durch Peilen vermessen und überprüft.

Werden Abweichungen von der Solltiefe festgestellt, wird Umfang und Menge der Mindertiefe ermittelt und ein Auftrag zur Beseitigung der Mindertiefe erteilt. Der Erfolg der Baggerung wird anhand einer Erfolgskontrolle durch Nachpeilung überprüft.

Die NORDSEE

Heute ist die See glatt, vom strahlend blauen Himmel scheint die Sonne und spiegelt sich im Wasser. Ich bin an Bord der NORDSEE – und ich möchte wissen, wie so ein Spezialschiff aussieht und arbeitet.

Der Baggermeister an seinem Arbeitsplatz

Mächtige Rohr-
leitung an Deck der
Nordsee

Kapitän Jens Lakeberg beschreibt und erklärt mir sein Schiff: »Seit Tagen arbeiten wir nun vor den Inseln Wangerooge, Minsener Oog und Oldoog. Vom WSA-Wilhelmshaven haben wir den Auftrag erhalten, die zuvor vom Peilschiff vermessene Fahrrinne auf die angestrebte Tiefe ›zu unterhalten‹, wie es im Amtsdeutsch bezeichnet wird. Unser Laderaumsaugbagger (Hopperbagger) sorgt nun dafür, dass der abgesetzte Sand und Schlick sowie die dadurch bedingten Mindertiefen im Fahrwasser nicht den Schiffsverkehr beeinträchtigen. Das Schiff fährt beim Baggern mit einer Geschwindigkeit von zwischen 0,5 und 2 kn (etwa 0,9 und 3,7 km/h) pro Stunde; dabei wird das Baggergut über die beiden Seitensaugrohre, die an den beiden Schiffslängsseiten angebracht sind, in den Laderaum (den Hopper) eingebracht. Das dabei angesaugte Wasser läuft über zwei Überlaufe ab, sodass letztendlich nur das Baggergut im Hopper verbleibt. Das Ganze erinnert an einen Staubsauger – nur mit dem Unterschied, dass hier kein Staub, sondern

ein Gemisch aus Sand, Schlick und Wasser vom Meeresgrund ›aufgesaugt‹ wird. Die NORDSEE verfügt über zwei etwa 4 m breite und 15 t schwere Saugköpfe, die in einer Tiefe von bis zu 30 m eingesetzt werden können.«

Nach ungefähr ein bis zwei Stunden ist der Hopper mit rund 6.100 m^3 Baggergut gefüllt. Diese Zeit variiert je nach Baggergut.

Baggermeister J. Hommers kontrolliert bei dem Vorgang immer wieder die Einstellungen der Saugköpfe, bis schließlich der Laderaum voll ist und die Saugrohre mit den bordeigenen Kränen an Deck der NORDSEE geholt werden.

Nun nimmt Kapitän Lakeberg Kurs auf die für heute vorgegebene Entladestelle Mellumplate. Über fünf im Schiffsboden eingelassene Bodenventile (Kegelventile) verbringt die NORDSEE das gesamte Baggergut. Die Ventile werden über dem Zielgebiet geöffnet, sodass der Sand durch Zugabe von Wasser fließfähig gemacht wird und nach unten aus dem Laderaum in die Tiefe rauschen kann. Das wird unter ande-

Einer der beiden
Saugköpfe wird an
Deck geholt

rem durch die Anordnung von zahlreichen (56) Druckwasserdüsen erreicht, die rund 30 cm über dem Hopperboden angeordnet sind.

Mögliche Baggergutreste im Laderaum werden mit Wasser herausgespült. Dieser ganze Prozess nimmt rund zehn Minuten in Anspruch. Nach der Entleerung »dampft« die NORDSEE wieder an ihre vorherige Position und nimmt die Arbeit wieder auf.

Es ist Mittagszeit. Man versammelt sich in der großen, geräumigen Messe. Gemeinsam mit Kapitän Lakeberg und Chief Thomas Harff. Der Koch, ein gelernter Fleischer aus Ostfriesland, hat in seiner Kombüse, die sich sehen lassen kann, gekocht und der Steward serviert das Essen. Natürlich ist neben Nudeln auch Reis dabei, dazu Gulasch und Salat. Ich bin begeistert! Nebenbei erzählt mir Kapitän Lakeberg, dass er mit seiner 19-köpfigen Besatzung im wöchentlichen Schichtbetrieb an Bord ist. Nach seinem Einsatz kommt eine zweite Besatzung an Bord. Gebaggert wird 24 Stunden an 365 Tagen rund um die Uhr.

Sonderaufgabe Ölunfallbekämpfung

Lakeberg: »Die NORDSEE führt nicht nur Baggerarbeiten durch. Kommen Sie, ich zeige Ihnen, was das Schiff noch zu bieten hat.«

Wir sind auf dem Hauptdeck und gehen vorbei an den vielen, unglaublich großen Leitungen zum Vorschiff.

»Während einer Werftzeit im Jahr 1984 wurde das Schiff so umgebaut, dass es zusätzlich auch als Ölunfallbekämpfungs-schiff eingesetzt werden kann. Hierzu erhielt es zwei Sweeping-Arme. Sehen Sie hier«, er zeigt auf die an Backbord und Steuerbord befindlichen leuchtend gelb gestrichenen Geräte, »die beiden großen Sweepingarme, wie wir sie nennen, werden auf die Wasseroberfläche abgelassen. Dort schöpfen sie das Ölwassergemisch ab, das über Pumpen in den Laderaum transportiert wird. Damit können zwischen 600 und 1.000 t Öl-Wasser-Gemische in der Stunde von der Wasseroberfläche aufgenommen werden.

Der Laderaum
(Hopper) ist mit
Baggergut gefüllt

Für den Umbau eignete sich der Bagger besonders, da er zum einen der jüngste Laderaumsaugbagger der WSV ist und zum anderen einen Laderaum ohne Inneneinbauten besitzt. Letzteres erleichtert nach einem Öleinsatz die Reinigung des Fahrzeuges. Heute ist unsere NORDSEE integraler Bestandteil im ›Sicherheitskonzept Deutsche Küste‹, das das Havariekommando aufgestellt hat. Neben der Aufnahme von Leichtölen mittels seiner Sweeping-Arme kann das Fahrzeug, wie im Folgenden beschrieben, auch als Zwischenlager eingesetzt werden.«

Der Kapitän ist nun nicht mehr zu bremsen: »Im Havariefall könnten große Mengen Öl in die Nordsee gelangen. Diese müssen zügig aus dem Wasser entfernt werden. Die Schadstoffunfallbekämpfungsschiffe MELLUM, NEUWERK und ARKONA verfügen nur über geringe Tankkapazitäten. Für einen kontinuierlichen Einsatz dieser Schiffe muss das aufgenommene Öl-Wasser-Gemisch vor Ort regelmäßig in Zwischenlager abgegeben werden können. Hierfür könnten Tankschiffe Dritter eingesetzt werden. Diese Schiffe befinden sich jedoch im weltweiten Charterverkehr und stehen frühestens nach 48 Stunden zur Verfügung. Der 6.100 m³ große Laderaum des Saugbaggers ist deshalb als sofort verfügbares Zwischenlager vorgesehen.«

Für den weiteren Tag habe ich mich mit dem Chief verabredet. Er will mir seine Maschinenanlage zeigen. Ich treffe ihn im klimatisierten und lärmgeschützten Maschinenkontrollraum vor den Überwachungscomputern. Obwohl bald 35 Jahre alt, wird die NORDSEE schiffbaulich wie auch technisch immer wieder dem neuesten Stand der Technik angepasst.

Er nimmt sich die Zeit und führt mich zu einem Rundgang durch sein blitzsauberes Reich. »Das soll auch so bleiben, solange ich hier der Chief bin!«, sagt er mit Nachdruck.

Angetrieben wird das 132 m lange Schiff durch zwei 8-Zylinder-Viertakt-Dieselmotoren vom Kieler Motorenbauer MaK, die jeweils auf einen Verstellpropeller wirken. Die Motoren erzeugen jeweils 3.530 kW. Sie sorgen für eine Geschwindigkeit von rund 12 kn (etwa 20 km/h). Darüber hinaus verfügt das Schiff über ein Bugstrahlruder. Die Hauptmotoren sind auch gleichzeitig Antrieb für die beiden mächtigen Saugpumpen.

Am späten Nachmittag holt mich das Mehrzweckschiff RÜSTERSIEL von Bord der NORDSEE ab und bringt mich zurück an Land in den Hafen von Hooksiel.

Schiffsinformation
Hopperbagger NORDSEE

Eigner: Bundesministerium für Verkehr, Bau und Stadtentwicklung (BMVBS), Berlin; Heimathafen: Wilhelmshaven; Bauwerft: O & K Orenstein & Koppel, Lübeck; Baujahr: 1978; Umbau: 1984; BRZ: 8.817 t; Abmessungen: Länge: 131,75 m, Breite: 23 m, Tiefgang: max. 7,75 m; Antrieb: 2 x MaK 8M552AK-Reihenmotoren; Leistung: 2 x 3.530 kW; Geschwindigkeit (max.): 12 kn; Bugstrahlruder: 1 x 736 kW; Crew: 19

Leistungsstarke Saugpumpen fördern das Baggergut in die Laderäume

Lotsenstationsschiff ELBE auf seiner Station in der Elbmündung

Sicher in den Hafen …

Die Lotsen und ihr Nordsee-Hotel

Mit einem Schritt bin ich drüben, an Bord des 25-Meter-Lotsentenders DÖSE. Einem Katamaran ähnlich mit Power – mit viel Power. Langsam gleiten wir an diesem frühen Morgen aus dem Hafen von Cuxhaven. Sobald das Fahrwasser der Elbe erreicht ist, heulen 1.600 kW auf und das futuristisch anmutende »Boot« prescht mit 18 kn hinaus in die Elbmündung.

Ausgezeichneter Komfort

Steuerbord voraus kann man schon die charakteristischen weißen Wasserdampffahnen der Lotsenversetzboote für die Elbefahrt erkennen. Die Wasserdampffahnen haben ihre Ursache in der Wassereinspritzung in die heißen Abgasrohre der Antriebsmotoren. Wie kleine Rennboote flitzen sie zwischen aus- und einlaufenden Schiffen hin und her, nehmen Lotsen auf und bringen Lotsen an Bord.

Gut eine Stunde später: Noch ein Schritt – angekommen auf der ELBE, dem »Mutterschiff« des Tenders. Beim Gang zur Brücke werfe ich links und rechts neugierige Blicke in die Messen und Aufenthaltsräume des brandneuen Lotsenstationsschiffes, kurz LSS genannt: Die liebevolle Bezeichnung »Nordsee-Hotel« ist hier durchaus angebracht. Das gilt nicht nur für die gemütlich-geschmackvollen Unterkunfts- und Aufenthaltsräume, sondern – wie man spätestens beim opulenten

Frühstück feststellt – auch für die Küche: deftig-kräftige Hausmannskost von Smutje Jörg Jakubeit, die »Mutterns« zeitweilig in den Schatten stellt. Nach einer zweiwöchigen Schicht hat jeder der 26-köpfigen Besatzung sicherlich ein paar Zentimeter mehr auf den Hüften, wenn er nicht Fitnessraum und Sauna frequentiert.

Mit einer Länge von 60,4 m und einer Breite von 24,6 m bietet die ELBE insgesamt 59 Kammern für max. 50 Lotsen in Doppelkabinen und max. 34 Besatzungsmitglieder in Einzelkabinen. Das Schiff wurde für einen Seeeinsatz von zwei bis drei Wochen konzipiert, dabei versorgt es auch zwei Versetztender mit allen Betriebsstoffen und ist Unterkunft für die im Schichtdienst fahrende Tenderbesatzung aus drei Mann.

Die konventionellen einrumpfigen ELBE-Vorgänger vom Typ KOMMODORE RUSER waren mittlerweile über 40 Jahre im Dienst, komfortlose, aber durchaus ro-

Der Kapitän koordiniert die Versetzungen

Gefahrlose
und sichere Lotsen-
übernahme

buste Arbeitspferde, die auch ihre Lieb-
haber hatten. Vergangenheit für die Elb-
lotsen und, mit dem zweiten Neubau
WESER, auch für ihre Kollegen aus dem
Nachbarrevier. Schluss auch mit Dauer-
schaukelei, muffigen Mehrbettkammern,
ständigen Maschinengeräuschen, Sur-
ren der Bootswinden, fehlenden Freizeit-
möglichkeiten und wenig erholsamem
Schlaf.

Die Form des Rumpfes ist in SWATH-
Technologie konzipiert, Small Waterplane
Area Twin Hull, zu Deutsch etwa: Doppel-
rumpfschiff mit geringem Wasserwiderstand.
Die Plattform steht auf vier Stelzen (auch
Struts genannt), die unter Wasser jeweils in
zwei Schwimmkörpern (Auftriebskörpern)
enden. Durch diese Anordnung wird das
Schiff weitestgehend vom Seegang entkop-
pelt und entwickelt so ein sehr gutes Seever-
halten gerade bei Seegang.

Physik am Rande: Wellenbewegungen,
die an der Wasseroberfläche am heftigs-
ten sind, nehmen mit zunehmender Tiefe
ab. Die beiden Auftriebskörper verjüngen

sich zum Heck hin und besitzen zur weiteren Verbesserung des Seegangverhaltens
zusätzlich computergesteuerte bewegliche Stabilisierungsflossen im vorderen
Bereich. Dadurch liegt das SWATH-Schiff
auch bei stärkerem Seegang sehr viel ruhiger im Wasser als ein konventionelles
Einrumpfschiff. Das Verhalten bei Seegang
sei ähnlich ruhig wie bei drei- bis viermal
so großen Einrumpfschiffen. So jedenfalls
lautet die Kurzformel für das »Geheim-
nis« SWATH, wie Chief Rainer Traeger es
formuliert.

Elektriker Ralf Griebel, der mich durch
die Unterwelt der ELBE führt, ist voll des
Lobes über die Technik »seines Dampfers«.
Vorteilhaft gegenüber herkömmlichen Einrumpfschiffen sind die in den Schwimmkörpern untergebrachten Antriebselemente, die so vom Wohnbereich getrennt
und kaum zu hören sind. So spricht man bei
Abeking & Rasmussen auch schon von den
»Flüsterschiffen«.

Lotsenältermann Albrecht Kramer und
viele seiner Kollegen sind froh darüber.

Kommen und Gehen: Versetztender bringen und holen Lotsen vom Stationsschiff ELBE

Effiziente Sicherheit

Erfahrungen sammelte man mit der 10 m kürzeren ersten ELBE, die nach zehn Jahren Einsatz mittlerweile in HANSE umbenannt worden ist. Sie wird als Reserveschiff in der gesamten Deutschen Bucht vorgehalten. Zum Beispiel wenn ihre großen Schwestern ELBE und WESER alle 14 Tage zum Bunkern und Besatzungswechsel Cuxhaven oder Bremerhaven anlaufen müssen, sagt Kapitän Oliver Göttsche und konzentriert sich gemeinsam mit dem Nautischen Offizier Ulrich Adamek wieder auf die Radar- und Seekarten-Monitore in ihrem Backbord-Steuerstand. Drei Telefone müssen bedient werden, um Anrufe von ein- und auslaufenden Schiffen anzunehmen, Buch darüber zu führen, die Lotsen und Kapitäne an Bord und auf den Schiffen sowie dem Tender zu informieren. Stress pur. Tag und Nacht im Drei-Wachen-Schichtbetrieb.

Auch wenn der Tender DÖSE an- oder ablegt, müssen die Männer auf der ELBE-Brücke wachsam sein und Manöver fahren. »Ein Job eher für Frauen«, scherzt der Kapitän, »die können doch mehrere Dinge auf einmal tun.«

Selten legt der Tender mit nur einem Lotsen an Bord ab. »Das war früher so«, erklärt Ulrich Adamek, »da hockten maximal drei Mann bei Wind und Wetter im kleinen, offenen Versetzboot.« Heute nimmt der SWATH-Tender bis zu acht Lotsen mit. »Das spart viel Zeit«, so Göttsche, »denn die hat heute keiner mehr und ist teuer.« Neu ist auch, dass der SWATH-Tender mit bis zu 12 kn längsseits eines Frachters geht, der nicht mehr wie sonst stoppen und wieder anfahren muss. Bei bis zu neun Windstärken und 6 m über der Wasserlinie wird gearbeitet. Eine Lotsversetzung per Hubschrauber wäre viel teurer und nach wie vor gefährlich.

Für kleinere Seeschiffe mit sehr niedrigem Freibord werden zwei konventionelle Lotsenversetzboote über »wave compensated twin arm davits« eines norwegischen Herstellers ausgesetzt.

Die SWATH-Schiffe sind entsprechend ihrer Antriebsart Diesel-Elektrikschiffe. Im vorliegenden Fall sind in den beiden Schwimmkörpern jeweils zwei 8-Zylinder- MTU-Dieselmotoren vom Typ 8V4000 M50A, die jeweils eine mechanische Leistung von 760 kW bei 1.500/min an ihre wassergekühlten Generatoren von AEM-Dessau (Typ SE 400 L4), abgeben, eingebaut. Der AEM-Elektro-Fahrmotor gibt die ange-

Eine Lotsenkammer an Bord der ELBE

Schiffsinformation
LSS (Lotsenstationsschiff) ELBE

Auftraggeber und Eigner: Wasser- und Schifffahrtsdirektion (WSD) Nord (Kiel/Aurich); Betreiber/Reeder: Lotsbetriebsverein (LBV), Außenstelle Cuxhaven; Heimathafen: Cuxhaven; Bauwerft: Abeking & Rasmussen, Lemwerder; Baujahr: 2009/10; Verdrängung: 1.480 t; Abmessungen: Länge: 60,40 m, Breite: 24,60 m, Tiefgang: 6 m ; Antrieb: 4 Hauptmaschinen MTU 8V 4000 M50 A 760 kW dieselelektrisch; Bordstromerzeuger: 4 x AEM SE 400 L4-Generatoren; 2 Schaffran-Festpropeller; Geschwindigkeit: 13 kn; Besatzung und Lotsen: 34 + 50; Klasse: Germanischer Lloyd, GL+100A5K+MC AUT, Pilot Vessel

Schiffsinformation Versetztender
DÖSE, DUHNEN, WANGERODE, BORKUM

Auftraggeber und Eigner: Wasser- und Schifffahrtsdirektion (WSD) Nord (Kiel/Aurich); Betreiber/Reeder: Lotsbetriebsverein (LBV), Außenstelle Cuxhaven; Heimathafen: Cuxhaven; Bauwerft: Abeking & Rasmussen, Lemwerder; Baujahr: 1999 bis 2009/2010; Verdrängung: 125 t; Abmessungen: Länge: 25,65 m, Breite: 13 m, Tiefgang: 2,70 m; Seitenhöhe: 5,90 m; Antrieb: 2 Hauptmaschinen: MTU 12V 2000 M70 A 790 kW dieselelektrisch; Bordstromerzeuger: 2 x AEM-Generatoren; Getriebe: 2 x Reintjes WVS 430; Propeller: 2 x Festpropeller; Geschwindigkeit (max.): 18 kn; Klasse: Germanischer Lloyd, Fahrtbereich: Deutsche Bucht bis durchschnittlich 3,50 m (max. 5 m) Wellenhöhe

forderte Antriebsleistung über ein Wende-Untersetzungsgetriebe von ZF (Typ 9350 NC) an je einen Schaffran-Festpropeller ab. In Summe stehen rund 3.040 kW Leistung zur Verfügung. Als Antriebsleistung werden etwa 2.400 kW benötigt, die restlichen 640 kW stehen dem elektrischen Bordstrombedarf zur Verfügung. Komplett ausgerüstet erreicht die ELBE eine Geschwindigkeit von 13 kn. Zur besseren Manövrierbarkeit wurde im Backbord-Schwimmkörper ein Querstrahler von Jastram eingebaut.

Alle Fachleute an Bord wie an Land sind sich darüber einig: So effizient, komfortabel und sicher war die Lotsversetzung noch nie. Spezialschiffbau made in Germany hat – nach wie vor – die Nase vorn!

Größenvergleich: Stationsschiff und Lotsenversetztender

Abeking & Rasmussens Neuentwicklung: SWASH-Versetzboote

Von SWATH zu SWASH

Sichere Lotsversetzung auch in beengten Fahrwassern

Inzwischen wurden mehr als 20 SWATH-Schiffe mit dieser bis zu 60 m langen Doppelrumpfform abgeliefert oder befinden sich zurzeit im Bau. Nun will die Werft ein neues Einsatzfeld erschließen und hat eine erste kleinere Variante für den Einsatz von Polizei, Zoll, Lotsen oder Offshore-Windparks in Küstengewässern gebaut. Dabei standen weitere Reduzierungen bezüglich Widerstand, Antriebsleistung und damit verbunden Kraftstoffverbrauchs- und Kohlendioxidreduzierung im Fokus. Doppelrumpfschiffe mit einer Länge von 20 m wollte A & R aber nicht bauen. »Da passt einiges nicht mehr«, sagt Vorstandsmitglied Karsten Fach. »Es wäre zu schwer für die Größe. Und die gewünschte Sicherheit und Seetüchtigkeit wollen wir natürlich optimieren.«

Die Konstrukteure von Abeking & Rasmussen haben das SWATH-Konzept weiterentwickelt und das Ergebnis SWASH@A & R (Small Waterplane Area Single Hull) getauft: ein 20-m-Schiff mit nur einem der bewährten Rümpfe aus der SWATH@A & R-Reihe. Dort hinein kommen die gesamten Antriebselemente. Um der SWASH@A & R Stabilität zu geben, erhielt sie zwei seitliche Ausleger, ähnlich einem Trimaran.

Schiffe dieses Typs gab es bis dato nur auf dem Papier. Die Ergebnisse der Computersimulationen waren nach Angaben von Karsten Fach erfolgversprechend, so dass mit der Realisierung begonnen wurde. »Wir werden zeigen, wie das Prinzip funktioniert.«

Weltneuheit des Schiffbaus mit Tender EXPLORER

Im Dezember 2012 hat die Bauwerft Abeking & Rasmussen den Tender EXPLORER erstmals zu Wasser gelassen. Das Boot ist 20 m lang und 12 m breit. Ausschlaggebend für diese Entwicklung sind die sehr positiven Erfahrungen der Werft mit den Versetzbooten für die Lotsen in Deutschland und dem benachbarten Ausland. Im März 2013 wurde die EXPLORER der Lotsenbrüderschaft Elbe zur intensiven Erprobung übergeben. Bereits nach den ersten Einsätzen waren die Lotsen von dem neuen Schiffstyp angetan. Die ers-

Der Neubau auf der Werft

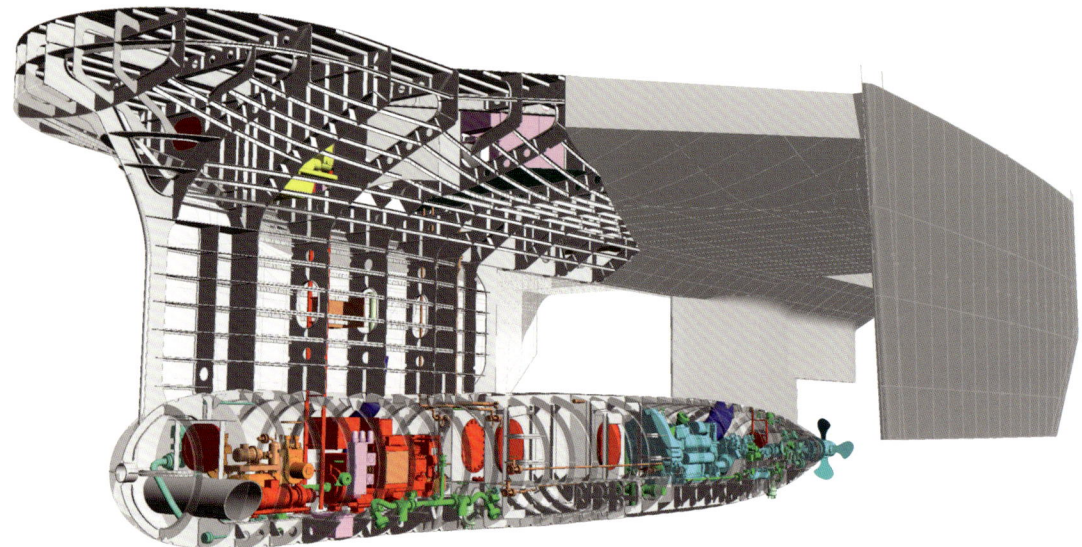

In dem Auftriebs-
körper sind alle
Aggregate
untergebracht

ten Tests des SWASH-Tenders EXPLORER erbrachten sehr gute Ergebnisse. And-reas Schoon vom Lotsbetriebsverein Cux-haven: »Die Manövriereigenschaften des Bootes sind brillant und überzeugend. Das Schiff wurde unter der Zielvorgabe, bei kurzer grober See eine sichere Lotsver-setzung zum fahrenden Schiff zu ermög-lichen, gebaut. Und das ist der Werft bes-tens gelungen.«

Noch weniger Wasserwiderstand durch Einrumpfkonstruktion

Information
Versetztender EXPLORER

Eigner: noch Bauwerft; Betreiber/Reeder: Lotsbetriebsver-ein (LBV), Außenstelle Cuxhaven; Heimathaven: Cuxhaven; Bauwerft: Abeking & Rasmussen, Lemwerder; Baujahr: 2012; Klasse: Germanischer Lloyd; Abmessungen: Länge: 20 m, Breite: 12 m; Antrieb: 1 x MTU 2000-Serie dieselelektrisch; Leistung: 900 kW; Geschwindigkeit (max.): 18 kn

SWASH-Boot getauft und fertig zur Übergabe

Mit seiner maximalen Geschwindigkeit von rund 20 kn und einem Pfahlzug von über 200 t ist sichergestellt, dass die NORDIC schnell Havaristen jeder Größe erreichen und sichern kann

Notschlepper NORDIC schützt Nordseeküste

NORDIC ersetzt legendäre OCEANIC, die seit 1996 in der Nordsee stationiert war

Nach einer europaweiten Ausschreibung des Bundesministeriums für Verkehr, Bau und Stadtentwicklung (BMVBS) hatte die ARGE Küstenschutz, ein Zusammenschluss der drei führenden deutschen Schlepp- und Bergungsreedereien Bugsier (Hamburg), Fairplay Towage (Hamburg) und Unterweser Reederei (Bremen), im Jahr 2008 den Auftrag erhalten, ab Januar 2011 für weitere zehn Jahre einen Notschlepper mit – gegenüber der bisher gecharterten OCEANIC – höheren Leistungsanforderungen in der Deutschen Bucht bereitzustellen. Dafür gab die ARGE einen neuen Notschlepper bei der Wolgaster Peenewerft (Mecklenburg-Vorpommern), aus der durch Verschmelzung der Volkswerft Stralsund GmbH mit der Peenewerft die P+S Werften GmbH entstanden ist, in Auftrag.

schwindigkeit von rund 19,5 kn. Eigner ist die NORTUG Bereederungs GmbH & Co. KG, die aus den vorgenannten Schleppreedereien der ARGE besteht. Betrieben wird die in Hamburg beheimatete NORDIC vom ARGE-Partner Bugsier. Sie stellt auch die Besatzungen.

Am 1. Januar 2011 begann die Charter des Hochleistungsschleppers durch das BMVBS, das für zunächst zehn Jahre unter der Leitung des WSA Cuxhaven zum Schutz der deutschen Nordseeküste bei Havarien, Kollisionen und Schiffsbränden eingesetzt wird.

Die NORDIC wird ihre Funktion als Notschlepper im Rahmen des »maritimen Notschleppkonzepts« erfüllen. Das Notschleppkonzept wurde Mitte der 1980er Jahre erarbeitet, 2001 als Folge der PALLAS-Havarie überarbeitet und definiert Vorgaben für den schnellen Einsatz von Schleppdiensten in Havariefällen. Für derartige

Das Schiff

Der 78 m lange und 16,4 m breite Schlepper wurde im Oktober 2010 fertig gestellt, am 15. November an die ARGE übergeben und gehört zu den weltweit modernsten, stärksten und sichersten Spezialfahrzeugen, die im staatlichen Auftrag für den Küstenschutz eingesetzt werden. Bei einem Tiefgang von nur 6 m hat es eine Schleppleistung von 201 t Pfahlzug und erreicht eine Einsatzge-

Größenvergleich: Mensch und Schlepphaken

Notfälle in potenziell gefährlicher Umgebung ist der Schlepper mit Gas- und Explosionsschutz ausgerüstet. Die NORDIC löste zum Jahreswechsel die 1968 gebaute legendäre OCEANIC der Bugsier-Reederei auf ihrer Position nördlich der nordfriesischen Insel Norderney ab.

Das Schiff ist gemäß den Vorschriften des Germanischen Lloyds und der Berufsgenossenschaft für Transport und Verkehrswirtschaft (ehemals See-BG) gebaut: IMO-Nummer: 9525962. Klassezeichen: GL + 100A5 »TUG« IW + MC AUT FiFi 1 »Einsatz in gefährlicher Atmosphäre«.

Die Taufe

Susanne Ramsauer, Ehefrau des Bundesverkehrsministers Peter Ramsauer, taufte am 8. Dezember 2010 in Hamburg den neuen Notschlepper auf den Namen NORDIC.

Jan-Wilhelm Schuchmann, Geschäftsführer der Bugsier-Reederei, damals: »Mit der NORDIC haben wir ein qualitativ hochwertiges Schiff erhalten, welches termingerecht und so wie wir es haben wollten, von der Bauwerft an uns übergeben wurde. Die Finanzierung der Baukosten wurde durch die KfW-Bank sichergestellt. Wir können beruhigt sagen: Das Geld ist im Lande geblieben. Einen besonderen Wert haben wir auf umfangreiche Ausbildungsmöglichkeiten an Bord gelegt: Neben der Stammbesatzung von zwölf Besatzungsmitgliedern und einem aus vier Mann bestehenden Boarding-Team haben wir Unterkünfte für bis zu zehn Schiffsmechaniker-Auszubildende beiderlei Geschlechts und einen Ausbildungsoffizier vorgesehen. Ein Klassenraum, Ausbildungswerkstatt und andere Einrichtungen stehen für eine fundierte Ausbildung in Theorie und Praxis zur Verfügung.«

»Die NORDIC wird als unser leistungsfähigster deutscher Schlepper künftig für noch mehr Sicherheit in der Nordsee sorgen«, sagte der Parlamentarische Staatssekretär, Enak Ferlemann. »Mit seiner enormen Zugkraft kann es in Notfällen auch die größten zurzeit in Fahrt befindlichen Containerschiffe auf den Haken nehmen und an einen sicheren Ort bringen.«

Die maschinenbauliche Ausrüstung

Das Herz des Schleppers, der Maschinenraum, ist vollgepackt mit modernster Technik. Seine Antriebskraft verdankt der Schlepper zwei je 8.600 kW starken 20-Zylinder-Dieselmotoren in V-Bauweise der MTU-Baureihe 8000 vom Typ 20V8000 M71L GSB. Speziell für dieses Projekt entwickelte MTU eine an den Einsatz in gefährlicher Umgebung angepasste Version dieses Motortyps. Für den notwendigen Bordstrom sorgen zwei MTU 12V4000 GSB Aggregate mit je 1.350 kVA bei 50 Hz, ebenfalls für den Gasschutzbetrieb (GSB) zugelassen.

Bei der Wahl des Motorenlieferanten war die Gasschutzfunktion das entscheidende Kriterium. Motoren dieser Leistungsgröße und Gasschutzbetriebseignung gab es bis zu diesem Zeitpunkt nicht. »MTU war der einzige Hersteller, der uns die zeitgerechte Entwicklung von gasgeschützten Motoren aufgrund seiner langjährigen Erfahrung auf diesem Spezialgebiet zusagen und durch eine Machbarkeitsstudie belegen konnte«, erklärte Carsten Wibel, Projektleiter und einer der »Väter« der NORDIC bei der Bugsier.

Umfangreiche Testläufe am laufenden Motor in Friedrichshafen folgten, um den Gasschutzbetrieb zu erproben. In der abschließenden Abnahmeprüfung durch den GL, Mitte 2009, erhielten die

Motoren die Zertifizierung für den Betrieb mit durch Fremdgase kontaminierter Verbrennungsluft.

Das Schiffsautomationssystem überwacht auch Gasschutzbetrieb

Der Einsatz von Gasschutzmotoren erfordert in besonderer Weise die Einbindung aller angrenzenden Systeme. Das ebenfalls von MTU gelieferte integrierte Schiffsautomationssystem CALLOSUM dient der Überwachung, Regelung und Steuerung des Antriebs. Zusätzlich werden die Bordstromversorgung, Querstrahlruder sowie weitere Schiffsbereiche wie Bilgen und Tanks überwacht. Der Übergang vom Normalbetrieb in den Gasschutzbetrieb erfordert entsprechende Anpassungen beziehungsweise Funktionalitäten von der Fernsteueranlage. Diese Betriebsanpassung stellt beispielsweise sicher, dass alle Zylinder immer sicher zünden, damit kein unverbranntes Luft-Gas-Gemisch in das Abgassystem gelangt, wo es sich leicht an heißen Stellen entzünden könnte.

Wartungsvertrag garantiert hohe Verfügbarkeit

Der Betreiber, ARGE-Partner Bugsier, und die MTU-Friedrichshafen haben einen Wartungsvertrag über eine Laufzeit von zehn Jahren abgeschlossen. Das Servicepaket beinhaltet alle präventiven Wartungsarbeiten wie auch korrektiven Maßnahmen und deckt dadurch alle möglichen Schäden an den Motoren ab. Kleinere Wartungsarbeiten wie die täglichen Motorenkontrollen oder die Filterwechsel führt die Bordbesatzung selbst durch. Ein 24-Stunden-Support und Ersatzteillieferung innerhalb kürzester Zeit garantieren größmögliche Motorverfügbarkeit.

Der Antrieb

Die beiden Hauptmaschinen liefern ihre Leistungen von 8.600 kW bei 1.150/min über je ein Flender-Untersetzungsgetriebe auf eine vierflügelige Verstell-Propelleranlage von Berg-Propulsion, die in Kort-Düsen laufen. Die Propeller haben einen Durchmesser von 4 m.

Ein an jedem Getriebe angeschlossener AEM-Wellengenerator liefert nach Erreichen der Manöverdrehzahl des Hauptmotors eine Leistung von je 1.600 kW. Der hohe Strombedarf ist insbesondere während der Manöverfahrt zur Versorgung der beiden starken Bug- und einem Heck-Querstrahlmotoren sowie der Hydraulikpumpen für die Schleppwinden notwendig. Immerhin können die Berg-Querstrahler jeweils bis zu 800 kW aufnehmen. Während der Seereise sind die Wellengeneratoren in Betrieb und übernehmen so aus Gründen der Wirtschaftlichkeit die Bordversorgung mit elektrischer Energie.

Zwei Bordstromaggregate mit MTU-Motoren, 12V 4000 M50A GSB leisten jeweils 1.350 kVA bei 1.500/min über ihre Generatoren von LeroySomer. Im Gasschutzbetrieb leisten die Aggregate jeweils

1.200 armdicke Stahltrossen sorgen für eine sichere Verbindung des Havaristen

456 kW bei 1.500/min. Ein zusätzliches sogenanntes Reede-Aggregat mit Schallkapsel, bestehend aus einem MTU 8V2000 M50A und einem LeroySomer-Generator, leistet 350 kVA bei 50Hz. Dieses von der Rendsburger SDT zusammengestellte Aggregat ist nicht für den Gasschutzbetrieb, sondern ausschließlich für die Stromversorgung bei Bereitschaft vor Anker vorgesehen.

Ein Notdiesel, der eine Leistung von 125 kVA abgeben kann, ist auf dem A-Deck auf Backbordseite installiert.

Die beiden Flender-Getriebe sind jeweils mit einem PTO ausgerüstet, der die Feuerlöschpumpen für die beiden FiFi-Monitore antreibt. Die beiden Kamewa-Feuerlöschpumpen mit einer Kapazität von je 1.500 m³/h versorgen sowohl die Monitore als auch das Eigenschutzsystem, das den Schlepper bei der Brandbekämpfung in der Nähe des Havaristen zum Schutz gegen Hitze in einen Wassernebel einschließt.

Die technische Decksausrüstung

Die Schlepp- und Arbeitsausrüstung besteht aus zwei elektrohydraulischen Hatlapa-Schleppwinden. Jede Seiltrommel wird jeweils mit einem Schleppdraht (Durchmesser 80 mm) von 1.200 m Länge belegt. Karm forks, shark jaw und Schleppnägel sowie eine umfangreiche Ausstattung an Ersatzdrähten, Dyneema-Schleppleinen und Suchanker vervollständigen die Decksausrüstung. Ein Arbeitsboot und ein Rettungsboot wurden von dem Hersteller Hatecke geliefert. Während das Rettungsboot über einen einfachen Auslegerkran zu Wasser gelassen werden kann, wird das Arbeitsboot mit einer pendelarmen Lastaufhängung (PLH) des Deckskrans ausgesetzt. Entwickelt wurde die PLH von der HMB Lintec marine, die sie zusammen mit dem Knickgelenk-Deckskran geliefert hat, der bei einer Ausladung von 16 m über ein SWL (Safety Working Load) von 6,5 t verfügt.

Die Brückenausrüstung und Schiffsführung

Das Steuerhaus auf dem Brückendeck ist mit allen notwendigen Kontrollen für den Schiffsbetrieb ausgestattet. Alle Überwachungs- und Führungsinstrumente sind in dem vorderen und achteren Brückenpulten untergebracht. Die Funkausrüstung ist für das GMDSS Gebiet A3 ausgerüstet. Zwei mit ECDIS verbundene Radargeräte wurden installiert. Der Schlepper ist mit EPIRB und SART ausgestattet. Der Fahrstand achtern ist wie der vordere ebenfalls mit allen notwendigen Mitteln ausgestattet, um den Schlepper von dort zu steuern. Selbstverständlich befinden sich auch dort die Steuerungen für die Schlepp- und Tuggerwinschen. Für die bessere Überwachung

---

Schiffsinformation Notschlepper NORDIC

Eigner: NORTUG Bereederungs GmbH & Co. KG; Betreiber: Bugsier-Reederei Hamburg; Auftraggeber: ARGE Küstenschutz; Bauwerft: P+S Werften GmbH Wolgast; Baujahr: 2010; Verdrängung: 3.300 t; Abmessungen: Länge: 78 m, Breite: 16,40 m, Tiefgang: 6 m; Antrieb: 2 x MTU 20V 8000 M71L GSB-Dieselmotoren; Leistung: 2 x 8.600 kW bei 1.150/min, 2 x AEM-Wellengeneratoren, Leistung: 1.600 kW; Bordstromerzeuger: 2 x MTU 12V 4000 M50A GSB, Leistung: 2 x 1.350 kVA; Propeller: 2 x Berg-Verstellpropeller; Einsatzgeschwindigkeit: 19,5 kn; Pfahlzug: 201 t; Bugstrahlruder: 2 x Berg-Propulsion; Heckstrahlruder: 1 x Berg-Propulsion; Ruderanlage: Becker-Ruder; Klassifikation: GL+100A5 »TUG« IW+MC AUT FiFi1

Die NORDIC
an den Hamburger
Landungsbrücken –
bereit zum Auslaufen

wurde ein umfangreiches Kamerasystem eingebaut.

Die außenluftunabhängige Schutzluftversorgung

Zum Schutz der Besatzung wird eine von der Bugsier mit Unterstützung von Dräger entwickelte außenluftunabhängige Schutzluftversorgung eingesetzt. Besteht bei einem Einsatz der Verdacht, dass toxische oder explosive Gase und Dämpfe in der Außenatmosphäre des Havaristen auftreten, stellt die Besatzung vor dem Eindringen in die Gaswolke den Gasschutzbetrieb her und sorgt damit für einen gasdichten Verschluss aller geschlossenen Aufbauten sowie des Maschinenraums. Diese besonders geschützten Bereiche werden als »Zitadellen« bezeichnet. Hochleistungsgebläse sorgen im Einsatzfall zunächst für einen schnellen Druckaufbau von 2 bis 4 mbar. Über eine Regeleinheit wird danach aus einem Atemluftspeicher außenluftun-

abhängige Schutzluft in den Innenraum geleitet, um den Überdruck aufrechtzuerhalten. Diese Regeleinheit arbeitet mechanisch. Dadurch ist auch bei einem Ausfall der Schiffselektronik oder des Bordnetzes die Schutzluftversorgung gewährleistet.

Die Besatzung

Die Besatzung besteht aus zwölf Personen (Kapitän, zwei nautische und zwei technische Offiziere, sechs Schiffsmechaniker und ein Koch) sowie einem aus vier Mann (ein Nautiker, drei Schiffsmechaniker) bestehenden »Boarding-Team«. Alle 28 Tage verlässt die NORDIC ihre Bereitschaftsposition nördlich der Insel Norderney und läuft Cuxhaven zur Versorgung an. Dann wechseln sich dort auch die beiden Stammbesatzungen ab.

Schlepper der Emder Schleppbetriebe an ihrem Liegeplatz im Emder Außenhafen

Die wendigen Kraftprotze

Mit RADBOD zum Schleppeinsatz

Das Mobiltelefon klingelt: »Können Sie schon um 9 Uhr bei den Schleppern sein?«, werde ich von einer jungen Damenstimme aus der Einsatzzentrale der Emder Schlepp-Betriebe gefragt. »Wir müssen eine halbe Stunde eher bei einem Aufkommer sein und Assistenz leisten!« Ich sitze im Auto und habe noch etwa 10 km »vor der Nase«. Laut Navi bin ich etwa sechs Minuten vor neun Uhr am Anleger. »Ich lege noch ein Brikett drauf, dann schaffe ich es.« Das Mädel am anderen Ende des Telefons lacht.

Exakt um 8:54 Uhr stehe ich am Schlepperanleger im Emder Außenhafen. Kapitän Daniel Konieczny erwartet mich schon: »Komm an Bord – wir legen sofort ab.« Ich bin an Bord der RADBOD, die heute die »1.Geige« spielt: Sie wird die Vorleine des aufkommenden Schiffes übernehmen. Für das Achterschiff, zum »Abbremsen«, ist die FINN vorgesehen und ein weiterer Schlepper, die HILLERDINE WESSELS, steht im Hafen zur weiteren Unterstützung bereit.

»Alles klar? Na, dann wollen wir mal«, gibt Daniel locker das Kommando zum Ablegen. Kurz vorher hat er einen Anruf von der Leitstelle bekommen. Von hier werden die Jobs eingeteilt – hier wird entschieden, wie viele Schlepper losgeschickt werden. Das hängt von der Schiffsgröße, den Witterungs-, Strömungs- und Windbedingungen ab. Als oberster Grundsatz gilt die »Sicherheit und Leichtigkeit des Schiffsverkehrs«.

Daniel Konieczny schwingt sich in seinen Fahrstand und startet die immer vor-gewärmte Deutz-Doppelmotorenanlage, die bullernd auf Touren kommt. Gerd Poppen, der Chief und Schiffsmechaniker Eike Damm lösen an Deck und an Land die Leinen von den Pollern.

Mit leichter Hand, fast spielerisch, dreht Daniel das Ruderrad am Steuerstand der Voith-Schneider Propeller nach Backbord und schiebt dabei die beiden Fahrthebel in Vorausstellung. Im Nu löst sich RADBOD vom Ponton und dreht in den schlickbraunen Fluss mit seinem tidebedingt schnell – bis zu 4 kn – ablaufenden Wasser. Im Schlepperkonvoi fahren wir aus dem Hafen auf die Ems.

Der Schlepper wurde nach dem friesischen König Radbod benannt. Er herrschte Ende des 7. und Anfang des 8. Jahrhunderts über das zu dieser Zeit unabhängige Großfriesische Reich. Finn soll ein Sohn des Königs gewesen sein.

Volle Konzentration: Kapitän Daniel Konieczny am Steuerstand

RADBOD
übernimmt die
Vorleine

Die HILLERDINE WESSELS bleibt in der Hafenmündung zurück – sie wird später das Drehmanöver als Druckschlepper unterstützen. Die Luft ist diesig und erst nach rund einer halben Stunde schiebt sich der mit 44.364 BRZ vermessene bullige Autotransporter SIERRA NEVADA HIGHWAY, Reederei Taiyo Nippon Kisen, Japan, in den Sichtbereich der beiden Schlepper.

Bei einer Länge von 183 m und einer Breite von 31 m kann das Schiff rund 5000 Autos transportieren. Die RADBOD fährt nur einige Meter vor dem Autotransporter und wartet darauf, die Schleppverbindung mit eigenem Geschirr herzustellen.

Schlepperkünste

Eike Damm verknotet auf dem Achterdeck die Wurfleine mit der daumendicken Jagerleine, auch Aufholer genannt. Nur mit ihr kann der zentnerschwere 4 cm dicke Schleppdraht nach oben an Deck der SIERRA NEVADA HIGHWAY gehievt wer-

den. Die dünne Wurfleine würde unter dem Gewicht reißen. Als der Jager an Bord ist, löst Eike die Wurfleine und verbindet den Aufholer mit dem Schleppdraht.

Das Schleppgeschirr ist zweigeteilt, es besteht aus einem ca. 20 m langen Teil mit jeweils einem Auge an jedem Ende, und dem ca. 200 m langen Schleppdraht, der sich an Deck des Schleppers auf einer Schleppwinde befindet. Beide Leinen sind zusätzlich mit einer kurzen, aber dicken Kunststoffleine verbunden. Dieses Stück, auch »Recker« genannt, federt die Zugbelastungen ab und verhindert so ein Brechen des Schleppdrahts.

Die Frachtermatrosen ihrerseits hieven auf Eikes Handzeichen den Draht auf und legen das Auge um einen Poller. Daniel meldet von seinem drehbaren Hochsitz mit Rundumsicht nach achtern an den Lotsen: »RADBOD vorn fest!« Ebenso wie die FINN von achtern.

Auf Lotsenanweisung zieht Daniel mit der Winde den Schleppdraht »tight«, zu deutsch: straff. Als Eike Damm die eigene

Die Schleppleine
ist fest

Schleppleine an den Transporter übergab, lagen gerade mal 5 m zwischen dem 28 m langen Schlepper und dem Ro-Ro-Schiff.

»So etwas machen wir jeden Tag. Jetzt bugsieren wir ihn an die Pier«, sagt Daniel, der das Manöver vom Steuerstand aus beobachtet. Gerade jetzt, beim Herstellen der Schleppverbindung, hat ein Fehler die schlimmsten Folgen. »Wenn der Frachter noch zu schnell ist, überrollt er uns einfach. Da sind mehrere Tausend Tonnen in Bewegung.« Immer noch bekomme er jedes Mal ein mulmiges Gefühl. »Gerade bei Nebel muss man höllisch aufpassen. Wenn man nur ein paar Meter weit gucken kann und dann auf einmal die Bugspitze 15 m über einem aus der Suppe kommt.«

Nach einigen Handgriffen ist die Leine zwischen der SIERRA NEVADA HIGHWAY und dem Schlepper gespannt. Am Heck hängt mittlerweile der zweite Schlepper FINN. Dirigiert wird alles vom Lotsen auf der Brücke des Autotransporters, den das Lotsenversetzboot zuvor an Bord gebracht hatte. »Lotsen auf die Schiffe zu bringen, gehört manchmal auch zu unseren Aufgaben«, erklärt Daniel und hat dabei ein aufmerksames Auge auf die Schleppverbindung.

Schlepperfahren ist ihr Leben

Das ist es auch, was Konieczny an seinem Beruf mag: die Abwechslung. »Wir haben es mit vielen verschiedenen Schiffen zu tun, Kreuzfahrern, Massengutschiffen oder Autotransportern.« Das sei jedes Mal eine Herausforderung. Sein Kollege Gerd Poppen ergänzt: »Man wird immer wieder überrascht. Auch von den Besatzungen der Schiffe.«

Die FINN hängt jetzt quer hinter dem Autotransporter und beginnt das Wendemanöver. »Wir bringen das Schiff gleich so an die Pier, dass es nach dem Ent- und Beladen direkt ablegen kann«, erklärt Daniel, »das heißt mit dem Vorschiff in Richtung Ems.« Nach einer Viertelstunde ist der Frachter in Position und wird von den drei Schleppern,

Beim Herstellen der Schleppverbindung ist volle Konzentration gefragt

RADBOD, FINN und HILLERDINE WESSELS, an die Pier bugsiert (gedrückt). Hier setzt der junge Schlepperkapitän nun die fast 1.800 kW der RADBOD ein. Nach einer Stunde ist das ganze Manöver abgeschlossen und die SIERRA NEVADA HIGHWAY lässt die riesige Ladeklappe herunter.

Doch der nächste Auftrag für die RAD-BOD und seine »Kollegen« wartet schon: »In drei Stunden kommt ein weiterer Aufkommer, den wir wieder sicher an die Pier bringen müssen.«

Schlepper – die wendigen Spezialisten

Zurück am Schlepperliegeplatz, erklärt mir Daniel diesen wichtigen Schiffstyp, der auf der ganzen Welt in allen Häfen zu finden ist.

»Die Assistenz der Schlepper im Hafen besteht darin, in Zusammenarbeit mit den Lotsen und Kapitänen die unzureichende Manövrierfähigkeit der Seeschiffe wettzumachen. Die wichtigste Aufgabe ist das Aufstoppen, das Abbremsen der Seeschiffe, weshalb in der Regel mindestens ein Schlepper am Heck (Heckschlepper) benötigt wird. Im Übrigen müssen die Schlepper die großen Seeschiffe ziehen, wenden und an die Kaimauer drücken können. Sie haben dazu eine enorme Maschinenleistung von 1.000 kW bis über 5.000 kW mit einem Pfahlzug von mehr als 90 t.«

Assistenz- oder Hafenschlepper müssen wegen der in engen Hafenbecken begrenzten Aktionsflächen besonders wendig sein. Daher verfügen die heutigen Kraftprotze für den Antrieb, im Gegensatz zu früheren Ausführungen mit konventionellen Antriebsanlagen, entweder über sogenannte um 360 Grad drehbare, zwei oder drei Schottel-Ruderpropeller oder Voith-Schneider-Propeller. Beim Voith-Schneider-Propeller kann der Schub in Stärke und Richtung beliebig gewählt werden. Dazu rotieren am Schiffsboden zwei kreisförmige Scheiben, an denen senkrecht angeordnete, bewegliche und steuerbare Flügelblätter angebracht sind. Über die Stellung der Flügel wird die Schubkraft und -richtung geregelt.

Beide Antriebssysteme sind bestens dazu geeignet »den Schlepper auf dem Teller zu drehen« und damit besonders gut ein Schiff zu manövrieren.

Schiffsinformation RADBOD

Reederei: Emder Schlepp-Betrieb GmbH; Heimathafen: Emden; Bauwerft: Jadewerft, Wilhelmshaven; Baujahr: 1977, Umbau/Modernisierung: 2000); Verdrängung: 213 BRZ/64 NRZ; Abmessungen: Länge: 28 m, Breite: 8 m; Motorisierung: 2 x Deutz SBA8M528, Leistung/Drehzahl: 2 x 882 kW / 900 U/min; Antrieb: 2 x Voith-Schneider-Propeller; Pfahlzug: 32 t; Besatzung: 3 Mann; Flagge: DE; Rufzeichen: DEEN

FINN macht fest am Achterschiff

Die deutschen Kontrolleinheiten See sind Bestandteil des Grenzaufsichtsdienstes der Bundeszollverwaltung und zuständig für die zollrechtlichen Belange auf den deutschen See- und Wasserstraßen sowie an den Seegrenzen

Der Koordinierungsverbund Küstenwache

Im Jahr 1994 wurde auf der Grundlage eines Bundestagsbeschlusses die Küstenwache als Koordinierungsverbund der Bundesvollzugskräfte auf See gegründet.

Ziel der Küstenwache war die wirkungsvolle Verbesserung der Zusammenarbeit der mit maritimen Aufgaben betrauten Behörden. Im Einzelnen betraf dies:

- die Sicherheit des Schiffsverkehrs und den maritimen Umweltschutz (WSV),
- den polizeilichen Grenzschutz (Bundespolizei),
- die Aufgaben des Zolls an den Seegrenzen (Zollverwaltung),
- den Fischereischutz (Bundesanstalt für Landwirtschaft und Ernährung BLE).

MARITIMES SICHERHEITSZENTRUM

Marineelement

Schifffahrtspolizei

Bundespolizei

Wasserschutzpolizei

Gemeinsames Lagezentrum See

HAVARIEKOMMANDO
Central Command for Maritime Emergencies Germany

DGzRS

Kontrolleinheit See

Fischereischutz

Zollboot HELGOLAND auf Streife

Besuch bei der »Swatten Gäng«

Zollboote BORKUM und HELGO-LAND haben viele Aufgaben

Rund 29.000 km^2 beträgt die Ausschließliche Wirtschaftszone (AWZ) der Bundesrepublik Deutschland in der Nordsee. Innerhalb der AWZ nimmt Deutschland in begrenztem Umfang souveräne Rechte und Hoheitsbefugnisse wahr. Hier setzte die Zollverwaltung zur Wahrnehmung ihrer originären und der übertragenen Aufgaben insgesamt zwölf seegehende Zollboote ein. Das änderte sich mit der Inbetriebnahme der beiden neuen Zollschiffe, HELGOLAND und BORKUM, die nach dem SWATH-System (Small Waterplane Area Twin Hull) gebaut wurden. Durch die neuen Doppelrumpfschiffe ist der Betrieb von vier älteren Schiffen eingestellt worden. Beide Boote haben ihren Heimathafen in Cuxhaven.

Ich wollte wissen, was das für Schiffe sind, und habe mich bei einem Besuch an Bord über Schiff, Einrichtung, Aufgaben und Besatzung schlau machen lassen.

Die Aufgaben des Wasserzolldienstes

Der Wasserzolldienst nimmt u.a. nachstehende originäre Aufgaben auf See wahr: die zollamtliche Überwachung des Warenverkehrs über die Grenze des Zollgebiets und die Freizonengrenzen, die Sicherung der Erhebung der Ein- und Ausfuhrabgaben sowie die Einhaltung des Zollrechts,

die Überwachung und Sicherung der Einhaltung der gemeinschaftlichen und nationalen Vorschriften, die das Verbringen von Waren in den, durch den und aus dem Geltungsbereich des Zollverwaltungsgesetzes verbieten oder beschränken (Verbote und Beschränkungen, z.B. Drogen- und Waffenschmuggel).

Die BORKUM ist nach Indienststellung ihres Schwesterschiffes HELGOLAND im August 2009 das zweite Zollschiff in SWATH-Bauweise und damit das zurzeit modernste Einsatzmittel des Zolls auf See. Beide Schiffe besitzen aufgrund ihrer speziellen Doppelrumpfbauweise hervorragende Seeeigenschaften und bieten auch bei widrigen Seegangsverhältnissen sehr gute Einsatzbedingungen für die Besatzungen. Die Bauweise dieser 50-m-Schiffe minimiert die Angriffsflächen für Wellen und sorgt damit für eine vom Seegangsgeschehen weitgehend »entkoppelte« stabile

Die Brücke ist mit modernsten Geräten ausgestattet

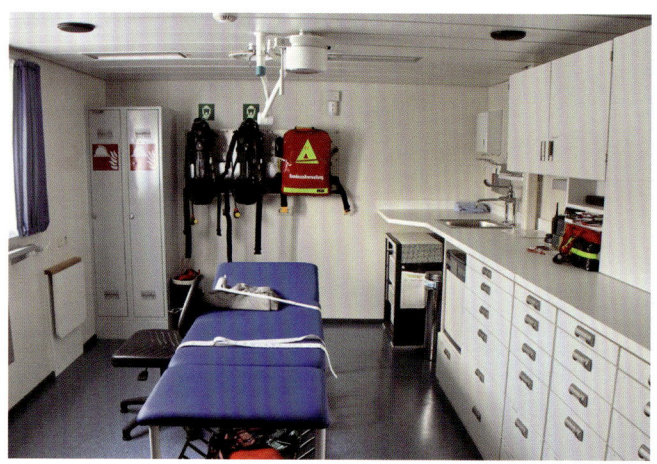

Medizinische Ver-
sorgungsstation auf
der BORKUM

die Wege zum jeweiligen Einsatzort werden kürzer. Das sind die eigentlichen Argu-
mente, die bei der Abwägung von Aufwand
und Nutzen den Ausschlag für den Bau der
neuen Zollschiffe gaben.

Die Zollverwaltung verfügt mit Zulauf
dieser Neubauten über zwei effiziente Einsatzmittel, um als Partner im Koordinierungsverbund Küstenwache sowohl die
zöllnerischen Aufgaben an der Zollgrenze
der Europäischen Union und im Küstenmeer als auch die seewärts dieses Ein-
satzbereiches übertragenen zusätzlichen
Aufgaben (u.a. in den Bereichen Umweltschutz, schifffahrtspolizeilicher Vollzug und
Fischereiaufsicht) in der Deutschen Bucht
auftragsgemäß erledigen zu können.

Heimathafen der baugleichen Zollboote
ist Cuxhaven. Sie wurden im Auftrag des
Bundesministeriums der Finanzen von 2007
bis 2009 bei der TKMS Blohm+Voss Nordseewerke GmbH in Emden gebaut.

Plattform. Dabei verbraucht der neue die-
selelektrische Antrieb gegenüber einem
konventionellen Schiffsdiesel deutlich weniger Treibstoff. Und, auch das spart Sprit,
die beiden Schwimmkörper der SWATH-
Bauweise bewegen sich mit weniger Widerstand durchs Wasser als ein klassi-
scher Bootsrumpf. Durch seine Bauart und
Größe ist es jetzt möglich, unabhängig von
fast jeder Wetterlage bis zu einer Woche
ununterbrochen auf See zu bleiben. Das
Pendeln zwischen Hafen und Einsatzgebiet
entfällt damit, die effektive Überwachungs-
zeit im Einsatzgebiet wird verlängert und

Sieben Tage im Einsatz

Dienstags ist der sogenannte Wechseltag. Um 12 Uhr übernimmt eine der drei
festen Besatzungen, die auf der HEL-
GOLAND abwechselnd arbeiten, das
Schiff von ihren Kollegen. Bis zum Mitt-
woch, Niedrigwasser im Gezeitenwechsel, haben die 14 Besatzungsmitglieder
Zeit, um die laufenden Wartungsarbeiten
durchzuführen, Diesel, Frischwasser und
Verpflegung zu bunkern sowie besondere
Punkte ihres Einsatzplans im Gemeinsamen Lagezentrum See (GLZ-See) im Ge-
bäude des Wasser- und Schifffahrtsamts
Cuxhaven zu besprechen.

Dann heißt es »Leinen los« und vorsichtig manövriert sich das Schiff durch
die ziemlich schmale Schleuse von Cuxhaven raus ins Einsatzgebiet Nordsee. Bis
zum nächsten Montag, Niedrigwasser im

Schiffsinformation
Zollboote BORKUM / HELGOLAND

Auftraggeber: Bundesministerium der Finanzen; Eigner: Bundeszollverwaltung; Heimathafen: Cuxhaven; Bauwerft: TKMS
Blohm + Voss Nordseewerke GmbH Emden; Baujahr: 2010;
Bauweise: Swath-Technik; Verdrängung: 1.900 t; Abmessungen: Länge: 49,35 m, Breite: 19 m, Tiefgang: max. 4,55 m; Antrieb: 4 x MTU 16V 4000 M40B dieselelektrisch; Leistung: 2200
KW (4 x 2.292 PS), 2 x Siemens -Asynchronmotor, Leistung: 2
x 3800 KW (2 x 5.168 PS); Geschwindigkeit (max.): 20 kn; Besatzung: 14

Ständiges Training
muss sein

Gezeitenwechsel, ist die Besatzung jetzt im Einsatz, Tag und Nacht. Dann ist wieder Wechseltag, es geht zurück durch die Schleuse ins Hafenbecken und das Schiff wird zur Übergabe an die nächste Besatzung klargemacht.

Doppelt belegte Kojen waren gestern. Damit die Besatzung ihre Aufgaben auf See unter angemessenen Bedingungen erfüllen kann, wurden die Boote speziell ausgestattet. Das beginnt schon bei der Geräuschdämmung der Motoranlage, geht über in eine große Messe, in der ohne die sonst auf Schiffen übliche Enge die arbeitsfreie Zeit verbracht werden kann, und reicht bis zu der erstmals für jedes Besatzungsmitglied vorhandenen Einzelkabine, jeweils mit Toilette und Nasszelle. Während des einwöchigen Einsatzes auf See ist die Besatzung auf mehrere Wachen aufgeteilt, damit das Schiff 24 Stunden voll einsatzbereit ist. Gegenseitiges Vertrauen ist das absolute A und O. Und wie überall, wo Menschen auf engem Raum miteinander leben und arbeiten, hängt die Stimmung von einem

Mann ganz besonders ab: dem Logistiker. Er ist derjenige, der neben seinen Aufgaben als GAD-Beamter für die Mannschaft den Speiseplan erstellt, den erforderlichen Proviant einkauft und die Mahlzeiten schließlich auch zubereitet. Gute Stimmung geht durch den Magen, und das gilt ganz besonders auf hoher See. An Bord der HELGOLAND werden Wind und Wellen der Besatzung den Appetit jedenfalls nicht mehr so leicht verderben. Denn: Den Job eines Kochs gibt es bei der Zollverwaltung leider nicht. Diese wichtige Arbeit verrichten an Bord Kollegen, die auch der blauen Fakultät angehören, also Inhaber nautischer oder technischer Patente sind.

Fischereischutzboot SEEADLER auf Kontrollfahrt

Die Maschen der Fischer

oder: Der Steert muss ab …

Die Bundesanstalt für Landwirtschaft und Ernährung (BLE) kontrolliert die Einhaltung der Fangvorschriften der Europäischen Union in der Nord- und Ostsee sowie im Nordatlantik. Um zu erfahren, wie nachhaltige Fischerei in der deutschen Wirtschaftszone der Nordsee in der Praxis aussieht, hat der Autor das Fischereischutzboot SEEADLER mehrere Tage lang bei seiner Arbeit auf See begleitet.

Es ist kalt an diesem frühen Montagmorgen und ein scharfer, kalter Wind bläst aus Osten über die Pier von Cuxhaven. Der Vormann des Seenotrettungskreuzers HERMANN HELMS lädt zum Kaffee an Bord ein. Obwohl noch früh am Morgen, sind die Seenotretter auf Wachstation beziehungsweise bei der Arbeit: Überall wird geputzt, obwohl es auf diesem blitzsauberen Schiff eigentlich nichts mehr zu putzen gibt. Ein Kollege ist bereits mit dem Fahrrad zum Bäcker in die Stadt gefahren und kommt mit einer Tüte noch warmer, frischer Brötchen wieder. Mit einem Pott heißen Kaffees in der Hand ruft Vormann Dieter Schumacher die SEEADLER über Funk. »Wir sind in einer Stunde an der Hafeneinfahrt und werden unser Speedboot 'rüberschicken«, kommt es klar und deutlich aus dem Lautsprecher. Vor 50 Jahren war so eine Seefunkverbindung immer noch mit Krächzen und Rauschen verbunden.

»Da ist die SEEADLER schon zu sehen«, vermeldet Schumacher. Aus westlicher Richtung kommend, kann man schon die Aufbauten des FSB (FSB = Fischereischutzboot) sehen. Kaum vor der Hafeneinfahrt angekommen, wird das Speedboot aus seiner Davit-Halterung zu Wasser gelassen und mit schäumender Bugwelle fahrend dauert es keine zehn Minuten, bis das Boot an dem Seenotkreuzer längsseits festgemacht hat. Bootsführer und Matrose verstauen erst Koffer und Fotoausrüstung in wasserdichten Plastiksäcken, bevor auch der Gast mit Unterstützung in das Boot steigen darf. Die Schwimmweste ist von nun an obligatorisch. Bootsführer und Matrose sehen in ihren roten Thermoanzügen mit Reflexionsstreifen sowie den leuchtend gelben Kopfhelmen mit integriertem Sprechfunk wie Wesen aus einem Kinofilm aus. Auch ich werde diesen Anzug noch zu schätzen wissen.

Schon von Weitem kann man an der schwarzen Bordwand den weißen Schriftzug »Küstenwache« lesen sowie die Schwarz-Rot-Gold-Kennzeichnung am Schiffsrumpf und das Wappen der Küstenwache. Auf beiden Seiten der grauen Aufbauten die zusätzliche Beschriftung »Fischereischutz«. Keine weitere zehn Minuten später ist das Schlauchboot bei der SEEADLER angekommen, wird unter dem Davit positioniert und an dem bereits heruntergelassenen Stahlseil im Boot eingeklinkt. Sogleich geht der »Boots-Fahrstuhl« in die Höhe, rastet an seinem Fixpunkt ein, sodass man sicher und trocken an Deck steigt. Der Bootsmann kümmert sich um das Gepäck. »Wir gehen jetzt erst mal auf die Brücke, der Kapitän erwartet Sie schon.«

Auf der Brücke tippt Kapitän Dirk Hänse (40) Daten in den Computer: »Schön, dass Sie da sind und willkommen an Bord!« Neben der Kapitänskabine liegt die Eignerkabine. Da kann man sich die nächsten Tage wohlfühlen.

»Der Nautische Offizier, Herr Angermann, wird Sie durch das Schiff führen und Sie mit den Sicherheitsvorkehrungen an Bord vertraut machen. Wir sehen uns um 12 Uhr in der Messe zum Essen. Seien Sie pünktlich – der Koch mag keine Zuspätkommer«, grinst er uns im Weggehen nach.

Als ehemaliger Leitender Ingenieur bei der deutschen Handelsmarine ist mir dieses Prozedere noch bestens in Erinnerung und es kann deshalb im Eilgang vollzogen werden. Aber Vorschrift muss sein – und das ist auch gut so!

Beim Mittagessen erklärt der Kapitän die Aufgaben der SEEADLER: »Im Auftrag des BMELV (Bundesministerium für Ernährung, Landwirtschaft und Verbraucherschutz) bereedert die BLE (Bundesanstalt für Landwirtschaft und Ernährung) drei Fischereischutzboote und drei Fischereiforschungsschiffe. Die BLE ist zuständig für die Umsetzung der Gemeinsamen Fischmarktordnung, die Marktbeobachtung und Berichterstattung, Versorgungs- und Bedarfsanalysen und außenwirtschaftliche Fragen der Fischwirtschaft. In ihrer Verantwortung liegt auch die Bewirtschaftung der nationalen Fangquoten und die Erteilung von Fischereierlaubnissen. Mit den Schutzbooten überwacht sie auf See die Einhaltung nationaler und internationaler fischereirechtlicher Vorschriften. Unsere Inspektoren kontrollieren die ordnungsgemäße Beschaffenheit der Fanggeräte, Netze sowie die für den Fischfang notwendigen Lizenzen und Papiere. Der bereits gefangene Fisch wird entsprechend den EU-Vorgaben auf Fischart, Menge und Mindestgröße geprüft. Ein regelmäßiger

Wissensaustausch mit Inspektoren anderer Mitgliedsstaaten erfolgt durch gemeinsame Kontrollfahrten mit EU-Nachbarländern in Nord- und Ostsee. Die BLE ist zudem eine der Partnerbehörden im Koordinierungs-verbund Küstenwache (Vollzugskräfte des Bundes auf See) sowie Netzwerkpartner im Maritimen Sicherheitszentrum. Unser Schiff, die SEEADLER, operiert von ihrem Heimathafen Rostock aus überwiegend in der Ostsee und bei Bedarf, wie zum Beispiel jetzt, in der Nordsee. Hier kontrollieren wir jeweils innerhalb der deutschen Ausschließlichen Wirtschaftszone. Durch Amtshilfe werden auch Kontrollen im Küstenmeer von Mecklenburg-Vorpommern durchgeführt. Die Kontrollen in diesem Bereich sind normalerweise Aufgaben des jeweiligen Bundeslandes. Im Rahmen der Übereinkommen über die multilaterale Zusammenarbeit auf dem Gebiet der Fischerei im Nordostatlantik (NEAFC) und Nordwestatlantik (NAFO) werden auch immer wieder mehrwöchige Einsätze im Nordatlantik durchgeführt. Diese Einsätze führen unser Schiff dann bis nach Grönland, Island und Kanada. Seit 2007 nehmen wir vermehrt an sogenannten Joint Deployment Plans der EUFKA, der Europäischen Fischereiaufsichtsagentur, teil. Im Rahmen dieser Aktion führen wir Sichtungen und Fischereikontrollen in den Wirtschaftszonen anderer Mitgliedstaaten mit nationalen Inspektoren durch. Ziel der JDP's ist es, die operative Zusammenarbeit zwischen den Mitgliedstaaten im Bereich der Überwachung von Kabeljau- und Dorschfängen sowie der Koordinierung von Fischerei- und Anlandekontrollen in der Nord- und Ostsee sicherzustellen.«

Die Fischereischutzboote stellen neben den Schiffen der WSV (Wasser- und Schifffahrtsverwaltung des Bundes) die größten Einheiten der Küstenwache dar und sind, dank ihrer außerordentlichen Seetüchtigkeit, bei jedem Wetter in der Deutschen Bucht und der Ostsee präsent.

»Kommen Sie, ich möchte Ihnen einige Besonderheiten auf unserem Schiff zeigen«, mit diesen Worten fordert Hänse mich auf, ihn zu begleiten. Unser erster Anlaufort ist das hochmoderne Hospital. »Mit Gründung des Havariekommandos wurden die Hospitäler der Schutzboote mit einer standardisierten medizinischen Ausrüstung für das Notfallmanagement in den Deutschen Wirtschaftszonen versehen. Zur Verletztenversorgung auf See im großen Umfang werden dazu die Ärzte und Sanitäter per Helikopter auf ein FSB verbracht und übernehmen die Erstversorgung. Die Ausrüstung entspricht der eines Rettungswagens an Land, somit können die Kollegen in Weiß gleich mit ihrer Arbeit beginnen.«

Danach ein Blick in die blitzsaubere, umfangreich ausgestattete Kombüse. Koch Ingo Lacks freut sich über den Besuch. Auch über ein Dankeschön nach dem reichhaltigen und guten Essen.

Die SEEADLER hat eine Länge über alles von 72,4 m, eine Breite über alles von 12,74 m und 5,10 m Tiefgang (Freibord). Sie ist mit 1.774 BRZ (ca. 1975 GT) vermessen. Die Klassifikationsgesellschaft Germanischer Lloyd vergab ihr das Klassezeichen: GL+100 A5 E1 + MC E1 AUT RP 50%.

Zwei Dieselmotoren MTU V16/595 mit je 3.805 kW Leistung bei 1.500/min. treiben über je ein Getriebe je einen Verstellpropeller an. Zwei Diesel-Bordaggregate, MTU V12/396, mit je 1050 kW, erhöhen die Antriebsleistung über elektrische Fahrmotoren, die an den beiden Getrieben der Hpt.-Motoren angeflanscht sind. Im Kombinator-Betrieb erreichen die Schiffe eine Spitzengeschwindigkeit von 20 kn. Weiterhin ist der alleinige Antrieb durch jeweils ein oder beide Bordaggregate möglich. Die Manövriereigenschaften werden durch einen Bugstrahler mit 55 kN und ein Hoch-

leistungsflossenruder gewährleistet. Für das Fahren vor der See beziehungsweise quer See ist die SEEADLER mit einer Flossenstabilisierungsanlage ausgerüstet.

An Bord befinden sich zwei Festrumpfschlauchboote mit Z-Antrieb und je einem 110 kW leistenden Antriebsmotor, mit denen die Inspektoren auf die zu kontrollierenden Kutter übersetzen können. Außerdem haben die Schiffe einen 3,6-t-Arbeitskran und einen 0,99-t-Servicekran.

Auf der Brücke der SEEADLER hat nun Quirin Keidel Wache, Zweiter Nautischer Offizier und einer der Fischereiinspektoren. Aufmerksam verfolgt er auf den vielen Bildschirmen am Steuerstand, was im nächsten Umkreis zu beachten ist. Einen Bildschirm hat er ganz besonders im Blick: Hier sind die Wirtschaftszonen mit ihren Grenzverläufen der Nordseeanrainerstaaten verzeichnet. »Das ist unser Vessel Monitoring System«, erklärt Keidel. »Hinter jedem dieser kleinen Icons, die hier zu sehen sind, versteckt sich ein Kutter. Wenn wir den anklicken, öffnet sich ein Informationsfenster mit den aktuellen Schiffsdaten. Auf diese Weise und aus unserer Kontrollliste können wir ganz genau sehen, mit welchem Kutter wir es hier zu tun haben und wann er zum letzten Mal kontrolliert wurde. Die

Ein Fischereiboot wird von Inspektoren der Fischereiaufsicht kontrolliert

EU verlangt, dass Daten zur Satellitenüberwachung alle zwei Stunden gesendet werden. Durch ein weiteres System, das »Elektronische Logbuch«, erhalten wir auch alle notwendigen Fanginformationen der einzelnen Kutter: Wann, wie viel und wo wurde welcher Fisch gefangen?«

Streife fahren auf See

Rund 250 Kontrollen führt die Besatzung dieses Amtsschiffes jährlich durch. Zu jeder Jahreszeit und bei jedem Wetter. Es geht um die Aufrechterhaltung der Fischbestände in Nord- und Ostsee. Die EU schreibt für die einzelnen Fischarten Fangquoten vor. Wie viel jeder einzelne Fischereibetrieb beziehungsweise jeder Kutter fangen darf, legt die Bundesanstalt für Landwirtschaft und Ernährung fest. Der EU-Fischereirat in Luxemburg hat Ende 2013 beschlossen, die zulässigen Gesamtfangmengen (TAC = total allowable catch) im Jahr 2014 (im Vergleich zu 2013) für die Dorschbestände (+13 %) in der Ostsee aufgrund der guten Bestandsentwicklungen nahezu gleich zu belassen (-2,5 %). Demnach soll der Fischfang für alle Fischbestände in der Nord- und Ostsee an dem nachhaltigen Prinzip des maximalen Dauerertrages (MSY) ausgerichtet werden. Die Gesamtfangmenge wird dabei auf Basis wissenschaftlicher Empfehlungen festgelegt.

Die Nordsee am nächsten Morgen. »Meer erleben!« ist auch ein Kreuzfahrer-Slogan. Aber dieses Meer gibt sich grau in grau, soweit das Auge reicht. Irgendwie typisch, glaubt man sich bestätigt. Brückenklönschnack mit dem Zweiten bei einem Pott Kaffee. Auf dem Monitor des VMS beobachten wir mehrere Icons in Form von Dreiecken. Eines davon ist die PAUL JUNIOR (Name durch den Autor geändert)

– ein deutscher Fischkutter aus Husum. Er ahnt noch nicht, dass er heute Besuch bekommt. »Der Seitenfänger PAUL JUNIOR ist heute wohl als Erster fällig. Den haben wir das ganze Jahr noch nicht kontrolliert.«

Im Umkleideraum wird mir ein dicker Thermoanzug verpasst. Gefütterte Gummistiefel, die nahtlos in den Kombi übergehen, sind eine sinnvolle Sache, wie ich wenig später feststellen musste. Irgendwo in den vielen Kombitaschen muss noch die Notkamera verstaut werden. Und dann sitzen wir auch schon im Speedboot. Wie im Fahrstuhl geht es rund 8 m ab in die Tiefe. Sanft setzt das Boot auf dem Wasser auf und sogleich wird der kräftige Innenbordmotor gestartet. Geschickt steuert der Bootsführer das Schlauchboot durch die aufgewühlte See an die Leeseite der PAUL JUNIOR. Zusammen mit den Fischereiinspektoren Quirin Keidel und Henry Angermann steigen wir über die Lotsenleiter zum Kutter hinauf. Die frische Meeresluft ist erfüllt vom Geschrei und Gezänk unzähliger Möwen. Sie warten auf die Fische, die wieder über Bord gekippt werden – zu kleine Fische.

Kurz nachdem der Kutterkapitän das Netz eingeholt und geleert hat, beginnen die beiden Inspektoren mit ihrer Arbeit. Damit nicht zu viele kleine Jungfische in den Fang geraten, schreibt die EU Mindestmaschenöffnungen für die Netze vor. Nur wenn es genügend Nachwuchs gibt, können sich die Fischbestände nachhaltig erholen.

Bislang setzten die Behörden zur Kontrolle der Maschenöffnung den Messspaten oder auch das sogenannte ICES-Maschenmessgerät ein. Bei beiden Geräten wird Handkraft verwendet. Doch gerade die Verwendung des Messspatens unterliegt starken subjektiven Einflüssen. Deshalb wurde im Rahmen eines EU-Projektes mit dem Namen OMEGA seit dem Jahr 2003 ein sogenanntes OMEGA-Messgerät ent-

Die Fischerei-
inspektoren werden
schon erwartet

wickelt, das nach zweijährigen Praxistests und umfangreichen Vergleichsmessungen seit September 2009 in allen EU-Staaten für die Bestimmung der Maschenöffnung von Fangnetzen eingesetzt wird.

Der Vorteil: Die Messungen sind international einheitlich und vergleichbar. Das Messergebnis ist auf einer LED-Anzeige ablesbar und kann direkt auf einen Computer übertragen werden. Der Fischereiinspektor wählt 20 aufeinander folgende Maschen aus, bei Zweifel durch den Kutterkapitän weitere 20. Die Maschenöffnung entspricht dem auf dem Gerät angezeigten Mittelwert aller gemessenen Maschen. »Das auf dem Messgerät angezeigte Ergebnis ist endgültig«, heißt es in der zu Grunde liegenden EU-Verordnung.

Nach den Messungen am Netzende, dem Steert, steht fest: Die Maschen sind zu klein! Damit werden zu viele Jungtiere gefangen.

Der Kapitän versucht es nun mit Erklärungen, dass bei der letzten Kontrolle alles in Ordnung war, aber die beiden Inspekto-ren bleiben hart: »Er versucht sich rauszureden. Aber da können wir nichts machen.«

Verstöße werden sanktioniert

Nachdem sich Keidel per Funk mit seinem Kapitän auf der SEEADLER verständigt hat, informiert er den Kutterführer: »Kapitän, wir müssen den Steert abschneiden und nehmen ihn mit an Bord des FSB.« Die meisten Fischer haben Verständnis für die Kontrollen und sind daher während der Kontrollen kooperativ. »Wir selbst bemühen uns auch, die Fischerei durch die Inspektionen so wenig wie möglich zu behindern.« Er füllt eines von vielen Formularen aus.

Zwischenzeitlich haben die beiden Deckshelfer der PAUL JUNIOR den rund 2 m langen Steert fein säuberlich abgeschnitten. Zusammengerollt liegt er nun zur Übergabe auf die SEEADLER bereit. »Als Beweisstück«, wie Angermann, der zweite Inspektor, erklärt. »Nach einem abgeschlossenen Bußgeldverfahren erhält

Auch bei rauer See
wird kontrolliert

Schiff über 15 m ist mit einer Black-Box ausgrüstet, über die der Kutter alle zwei Stunden die Position an das VMS-System der BLE sendet. Darüber hinaus kann die BLE die aktuellen Positionen der Kutter direkt abfragen. Fährt ein deutscher Kutter z.B. in die dänische Wirtschaftszone, so erkennt dies das System in Hamburg und sendet die erforderlichen VMS-Daten nach Dänemark. Ebenso funktioniert es mit ausländischen Fischereifahrzeugen, welche in die deutsche Wirtschaftszone einlaufen. Zusätzlich muss jedes Schiff mindestens vier Stunden vor Einlaufen in einen Hafen bei den Fischereibehörden die ungefähre Ankunftszeit und Größe des Fangs angeben.«

der Kutterkapitän den Steert zurück. In 95 % der Fälle hat es nichts mit dem ›Versuch‹ zu tun, sondern die Netzmaschenöffnungen sind durch den Gebrauch zu klein geworden, das Netzmaterial quillt auf. Fast kein Kutterkapitän ist im Besitz eines OMEGA-Gerätes.«

Auf das MSC-Siegel achten

Fische aus nachhaltiger MSC-Fischerei bekommt man frisch, eingefroren oder schon bratfertig in vielen Supermärkten und Fischläden. Kunden sollten an der Fischtheke nachfragen und sich die Tiefkühlpackungen genau anschauen. Auf das MSC-Label achten – auch dann, wenn anderer Fisch gekauft wird!

Die Freiheit der Meere ist längst Geschichte

Zurück auf dem Fischereischutzboot, hält Kapitän Hänse die Kontrolldichte in den Fanggründen für nahezu lückenlos: »Jedes

Das blaue MSC-Siegel garantiert, dass Fische mit nachhaltigen Methoden gefangen werden. Das heißt: Die Fischer dürfen den Fanggründen nur so viel Fisch entnehmen, wie nachwachsen kann, damit der Bestand erhalten und geschont wird. Der Marine Stewardship Council (MSC) wurde 1997 von der Umweltorganisation World Wide Fund For Nature (WWF) und dem Lebensmittelkonzern Unilever gegründet. Mittlerweile gibt es fast 5.000 MSC-Produkte in 66 Ländern. Mit mehr als 1.100 MSC-zertifizierten Produkten gelangen die meisten davon auf den deutschen Markt.

Schiffsinformation FSB SEEADLER

Eigner: Bundesministerium für Ernährung, Landwirtschaft und Verbraucherschutz, Bonn; Heimathafen: Rostock; Bauwerft: Peenewerft, Wolgast; Baujahr: 2000; BRZ: 1,774 t; Abmessungen: Länge: 72,4 m, Breite: 12,74 m, Tiefgang: max. 5,10 m; Antrieb: 2 x MTU V16/595 V-Motoren; Leistung: 2 x 3.805 kW; 2 x Dieselaggregate MTU V12/396, mit je 1050 kW; Geschwindigkeit (max.): 20 kn; Bugstrahlruder: 1 x 55 kN; 1 x Flossenstabilisierungsanlage; Klassifizierung: GL+100 A5 E1 + MC E1 AUT RP 50 %; Crew: 16

Die SEEADLER in nächster Nähe

Funkstreifenboot BÜRGERMEISTER WEICHMANN auf Kontrollfahrt

Streifen zu Wasser und zu Land

**Mit Funkstreifenboot
BÜRGERMEISTER WEICHMANN
auf Kontrollfahrt**

Vor 225 Jahren wurde die Wasserschutzpolizei Hamburg gegründet. Als größte deutsche Wasserschutzpolizei ist sie nicht nur für den Hamburger Hafen, sondern auch für Wasserwege in anderen Bundesländern und Teile der Nordsee zuständig. Die Hamburger Wasserschutzpolizei gilt damit als älteste Hafenpolizei der Welt.

Vom Hamburger Hafen bis zum offenen Meer sind es über 100 km entlang der Elbe. Seit über 70 Jahren erstreckt sich die örtliche Zuständigkeit der WSP nicht nur auf das Gebiet des Hamburger Stadtstaates, sondern auch auf insgesamt 275 km der Elbe: vom Länderdreieck Niedersachsen/Mecklenburg-Vorpommern/Brandenburg bis zur Flussmündung bei Cuxhaven. Dazu kommen die Küstengebiete der Nordsee.

Am 3. Januar 1938 erfolgte die Eröffnung eines hamburgischen Wasserschutzpolizei-Reviers in Cuxhaven. Seit jener Zeit liegt ein seegehendes Funkstreifenboot im Hafen.

Schauplatz Alter Fischereihafen Cuxhaven, Punkt 11 Uhr: Klar vorn und achtern! Die drei 12-Zylinder-MWM-Motoren lassen die BÜRGERMEISTER WEICHMANN kaum spürbar erzittern und langsam gleitet sie aus dem engen Hafen in die Elbe. Schiffsführer auf dieser Schicht ist Polizeioberkommissar Dirk Wendel. Ihm zur Seite stehen heute drei Kollegen, die zur Stammbesatzung gehören, sowie zwei Kollegen aus Hamburg, die das Einsatzgebiet des Bootes kennenlernen sollen. Für eine Woche werden sie im Revier der Elbmündung Dienst tun.

Mit mäßiger Geschwindigkeit, rund 9 kn, läuft das Schiff Richtung offene Nordsee. Wendel nimmt sich nun Zeit, mir Schiff und Aufgaben zu erklären. »Normalerweise haben wir hier die BÜRGERMEISTER BRAUER, aber die liegt zurzeit in der Werft. Da wir an 365 Tagen rund um die Uhr einsatzbereit sein müssen, haben uns die Hamburger Hafenkollegen ihr Boot zur Verfügung gestellt.«

Während des Rundgangs durch das Schiff kommen wir auch in die kleine Messe mit der angeschlossenen voll ausgestatteten Kombüse. Hier bereitet Polizeihauptmeister Stephan Amberge, der eine Doppelfunktion als Koch und Maschinist an Bord ausübt, das Mittagessen für die Kollegen vor. »Bevor wir auslaufen, gehe ich jeden Tag zu Schichtbeginn in den nahe gelegenen Supermarkt und kaufe ein. Essenwünsche der Kollegen werden weitestgehend berücksichtigt. Aus langjähriger Erfahrung weiß ich, was gegessen wird und was nicht.« Bevor Amberge vor rund sechs Jahren zur Polizei auf dem Wasser kam, war er viele Jahre bei der Bundesmarine.

Schiffsführer Wendel, in der Berufsschifffahrt der Kapitän, doch das hört er hier nicht gern, führt mich weiter durch das Schiff. »Im Unterdeck befinden sich Kabinen für den Fall, dass wir mehrtägige Einsätze durchführen müssen. Normalerweise sind wir im Zwölf-Stunden-Rythmus im Dienst. Deswegen müssen wir hier vier komplette Besatzungen vorhalten.«

Ein Segler wird
ermahnt, sich an die
Verkehrsregeln zu
halten

Die BÜRGERMEISTER WEICHMANN ist zwischenzeitlich aus der Elbmündung in der offenen See angekommen. Die See ist relativ ruhig, Windstärke 3 bis 4 aus östlicher Richtung. Aufgrund des achterlichen Windes bewegt sich das Schiff kaum. Wendel erzählt weiter: »Eigentlich sind die Seeeigenschaften des Bootes nicht optimal – wir haben eine Länge von fast 30 m bei einer Breite von 6,40 m. Wir müssten etwa 4 bis 5 m länger sein, dann würde das Schiff bei stärkerem Seegang ruhiger liegen. Mit den drei Antriebsmotoren, die jeweils 650 kW leisten, erreichen wir über die drei Festpropeller eine maximale Geschwindigkeit von rund 25 kn.«

Aufgaben der Polizei auf dem Wasser

»Wir erledigen allgemein- und schifffahrtspolizeiliche Aufgaben.« Und was heißt das? Wendel erklärt weiter: »Unsere Aufgaben sind sehr vielfältig, dazu gehören:

- die Gewährleistung der Sicherheit und Leichtigkeit des Verkehrs auf dem Wasser,
- die Verhütung und Verfolgung einschlägiger Straftaten und Ordnungswidrigkeiten,
- die Kontrolle der an Bord von Schiffen aller Arten und Größen mitzuführenden Papiere, Zeugnisse und Dokumente sowie vorgeschriebene Besatzungsstärken,
- die Überwachung der Einhaltung lokaler und internationaler Vorschriften für den Transport gefährlicher Güter,
- die Verhütung und Verfolgung von Umweltdelikten,
- die Überwachung gültiger Hafensicherheitsstandards sowie
- alle Straßenverkehrsaufgaben im Hamburger Hafen.«

Mit Erstaunen höre ich, dass es immer wieder vorkommt, dass internationale Vorschriften für die Schifffahrt aus Unkenntnis oder Willkür nicht eingehalten werden.

Der geschlossene
Steuerstand
gewährleistet eine
gute Rundumsicht

»… so finden wir monatlich mehrere Vergehen hinsichtlich des vorgeschriebenen Gebrauchs von schwefelarmem Kraftstoff für die Motoren in den festgelegten SECA-Gebieten in Nord- und Ostsee.« (SECA: Sulphur Emission Controlled Area)

Auf dem Achterschiff befindet sich ein flexibel einsetzbares Aluminium-Tochterboot, das in einer Heckwanne mitgeführt wird. Bei einer Länge von über 6 m und einer Antriebsleistung von 140 kW ist das Boot, das nur 60 cm Tiefgang aufweist, bis zu 25 kn schnell. Eingesetzt wird es hauptsächlich in flachen Küstengewässern, wo das »Mutterschiff« wegen seines zu großen Tiefgangs nicht hinkommt. Zu Verfolgende haben schwerlich eine Chance zu entwischen!

Erstaunlich wenig Schiffsverkehr ist am heutigen Tag in der Elbmündung zu verzeichnen. Die ruhige Zeit wird zum Essen genutzt. Es gibt Nudeln mit einer selbst gemachten Tomaten-Fleischsoße.

Dann führt mich Amberge stolz in sein »Kellerreich«. Es blitzt und glänzt. Als ehemaliger Schiffsingenieur weiß ich, was eine gepflegte Maschinenanlage ist. Amberge freut sich sichtlich über das Lob.

Die BÜRGERMEISTER WEICHMANN wird von drei Zwölfzylinder-Viertakt-Dieselmotoren des Herstellers MWM (Typ: TBD 234 V 12) mit einer Leistung von je 654 kW angetrieben. Gesamtleistung der Motoren: 1.972 kW. Die Motoren wirken über Getriebe auf drei Festpropeller. Damit erreicht das Schiff eine Geschwindigkeit von 25 kn. Für die Stromversorgung sind zwei Generatoren mit einer Scheinleistung von jeweils 48 kVA verbaut. Zur besseren Manövrierbarkeit ist ein Bugstrahlruder mit einer Leistung von 50 kW eingebaut worden. Neben dem geschlossenen Steuerstand, der eine gute Rundumsicht gewährleistet, verfügt das Boot auch über einen als Flybridge bezeichneten offenen Steuerstand. Auf der Steuerbordseite befindet sich hinter dem Mast für die Feuerbekämpfung ein Löschmonitor.

Es wird Zeit zur Rückkehr in den Hafen. Höhe Lotsenstationsschiff ELBE wird ge-

Das Tochterboot hat einen Tiefgang von nur 60 cm und wird in flachen Gewässern eingesetzt

Am Steuerstand steht nun der einzuweisende Polizeikommissar Arne Pahl. Auch er verfügt über eine langjährige Marinevergangenheit. Lange Auslandseinsätze und eine zu gründende Familie führten ihn zur Wasserschutzpolizei. Seine Entscheidung hat er bis heute nicht bereut, auch wenn der Schichtdienst häufig grenzlastig ist. Hinzu kommt, dass seine Lebenspartnerin, ebenfalls bei der Hamburger Polizei, auch im Schichtdienst tätig ist und man sich manchmal einige Tage nicht sieht. »Doch das hält die Liebe frisch«, so Pahl.

dreht. Der Wind hat zwischenzeitlich etwas nachgelassen – kommt aber weiterhin aus östlicher Richtung.

An Steuerbord kann man die charakteristischen weißen Wasserdampffahnen der Lotsenversetzboote für die Elbefahrt erkennen. Die Wasserdampffahne hat ihre Ursache in der Wassereinspritzung in die heißen Abgasrohre der Antriebsmotoren. Wie kleine Rennboote flitzen sie zwischen aus- und einlaufenden Schiffen hin und her. Nehmen Lotsen auf und bringen Lotsen an Bord. Die Lotsen haben ihre Station auf dem neuen Lotsen-Stationsschiff ELBE, das seit Mitte März 2010 seinen Betrieb in der Elbmündung aufgenommen hat.

Auf Steuerbordseite, gerade innerhalb des betonnten Fahrwassers, kommt uns eine Segelyacht, voll aufgetucht, auf der falschen Seite entgegen.

Dirk Wendel sieht das gar nicht gern: »Den müssen wir uns mal näher ansehen, er fährt innerhalb der Betonnung – das darf er nicht.«

Mit langsamer Fahrt nähert sich das Streifenboot dem Segler. In Rufweite wird der Skipper aufgefordert, sich schnellstens auf die Seite außerhalb der Betonnung zu begeben! »Theoretisch könnten wir diese Ordnungswidrigkeit mit einem Bußgeld ahnden, aber Belehrung und Ermahnung helfen häufig. Außerdem werden wir ihn beobachten, ob er sich an unsere Anordnung hält«, bemerkt Wendel. Langsam entfernt sich die Yacht achteraus – und bleibt dabei auf der zugewiesenen Tonnenseite. Wendel: »Sehen Sie – es geht doch!«

Um 18 Uhr ist die BÜRGERMEISTER WEICHMANN wieder an ihrem Stammliegeplatz. Für Dirk Wendel steht nun noch Schreibtischarbeit an, bevor er seine Schicht an seinen Ablöser übergeben kann.

Schiffsinformation
Streifenboot BÜRGERMEISTER WEICHMANN

Auftraggeber: Bundesministerium für Inneres; Eigner: Freie und Hansestadt Hamburg; Heimathafen: Hamburg; Bauwerft: Fr. Fassmer GmbH, Berne; Baujahr: 1995; Verdrängung: 95 t; Abmessungen: Länge: 29,50 m, Breite: 6,40 m, Tiefgang: max 2,00 m; Antrieb: 3 x MWM TBD 234 V12; Leistung: 3 x 654 kW, 3 Festpropeller; Geschwindigkeit (max.): 25 kn; Besatzung: 5

Das Tochterboot wird in einer Heckwanne der WSP 2 mitgeführt

Die BAYREUTH wartet auf uns

»Wir laufen aus – ALBATROS II klarmachen!«

Dieser Satz wird immer dann von »Kapitän« Ehlers ausgesprochen, wenn wieder einmal ein Kriminalfall kurz vor seiner Auflösung steht und das Schiff samt Besatzung in die Ostsee auslaufen muss. Seit April 1997 wird die beliebte Fernsehserie »Küstenwache« von durchschnittlich fünf Millionen Zuschauern verfolgt. Um es vorwegzunehmen: einen »Kapitän« auf diesen Behördenschiffen gibt es nicht! Hier, ähnlich wie bei der Bundesmarine, hat der Kommandant das Sagen. Die Besatzungen der Streifenboote lösen auch keine Verbrechen und der »Kapitän« entscheidet nicht eigenmächtig, wann ausgelaufen wird. Es ist halt nur eine interessante Fernsehserie, die nicht immer sachlich korrekt ist.

Ich wollte wissen, wie es denn tatsächlich bei der Bundespolizei See auf ihren Schiffen zugeht, welche Aufgaben die Polizei auf See hat und was das für Spezialschiffe sind. Einen Tag verbrachte ich auf den beiden zurzeit größten Booten BAD BRAMSTEDT und BAYREUTH in der Elbmündung. Ein drittes Boot dieser 66-m-Klasse, die ESCHWEGE, patrouilliert von Warnemünde aus in der Ostsee. Neben diesen drei Seestreifenschiffen hat die Bundespolizei noch eine ganze Reihe von kleineren Booten, die in der Nord- und Ostsee ihren Dienst verrichten. Eines davon ist das Filmschiff ALBATROS II – im wirklichen Leben sind es abwechselnd die Boote NEUSTRELITZ (BP22) und die BAD DÜBEN (BP23).

Polizeioberkommissar Wolfgang Rodehorst, von der Bundespolizeiinspektion See Cuxhaven, in seiner Eigenschaft als mein Ansprechpartner für Öffentlichkeitsarbeit, begleitet mich an diesem Tag. »Ich freue mich immer wieder, wenn ich einmal die Gelegenheit dazu habe, eine gewisse Zeit an Bord unserer Schiffe zu verbringen, und wenn es nur ein Tag ist.« Es ist Mitte Juli und wir haben an dem Tag einfach ganz herrliches Wetter. POK Rodehorst informiert mich zum Thema Spezialschiffe und Besatzung der Bundespolizei.

Rund zehn Jahre ist es nun her, dass die Schiffsflotte der Bundespolizei See modernisiert wurde. Den Anfang hatte in 2002 die BAD BRAMSTEDT (BP24) gemacht, beendet wurde die Modernisierung durch die Indienststellung der BAYREUTH (BP25) im ersten Halbjahr 2003, gefolgt von der ESCHWEGE (BP26) zum Ende des Jahres 2003. In enger Zusammenarbeit zwischen Bundespolizei und den Entwicklungsingenieuren der Bauwerft Abeking & Rasmus-

Mit dem Speedboot werden wir auf die BAYREUTH übergesetzt

sen in Lemwerder an der Weser wurden die Schiffe gebaut. Eine neue Einsatzstrategie wurde bei den neuen Schiffen zugrunde gelegt: In der Vergangenheit waren lediglich eintägige Streifenfahrten (bis zu zwölf Stunden auf See) mit den Patrouillenbooten vom Typ 157 an der Tagesordnung, die in unterschiedlichen Häfen begannen beziehungsweise endeten. Mit der Einführung der drei neuen Schiffe vom Typ P 66 und auch der beiden umgebauten Boote BP 22 und BP 23 war nun der Übergang zu mehrtägigen Seestreifen möglich und abgeschlossen. Das war bis dahin nur mit dem Einsatzschiff BP 21 möglich.

Die Schiffe sollen in erster Linie den Besatzungen die maritime Aufgabenerfüllung der Bundespolizei ermöglichen. Dazu gehören neben den grenzpolizeilichen Aufgaben unter anderem auch umweltpolizeiliche-, schifffahrtspolizeiliche-, zoll- und fischereirechtliche Aufgaben sowie selbstverständlich die Hilfeleistung auf See. Eine Schiffsbesatzung besteht aus 14 Polizeivollzugsbeamten (Frauen und Männern), die ihren Dienst in zwei Wachen versehen. Alle Beamten sind in der Regel in Einzelkammern untergebracht. Insgesamt verfügen die Schiffe über 16 Kammern, in denen maximal 24 Personen schlafen können.

Sechs Tage Dienst an Bord lösen sich mit rund sechs Tagen Freischicht an Land ab. Während der sechs Tage an Bord wird im sogenannten Zwei-Wachen-System Dienst getan. Zwei-Wachen-System heißt: sechs Stunden Wache auf der Brücke und in der Maschine lösen sich mit sechs Stunden Freiwache ab. Gut, dass die Besatzung »nur« sechs Tage an Bord ist – aus eigener Erfahrung weiß ich, was es heißt, im Zwei-Wachen-System Dienst zu tun. Maximal fünfeinhalb Stunden Schlaf während der Freiwache – mehr war nicht drin. Und wenn dann noch Schlechtwetter dazukam (im Winter bei den Nord-Atlantik-Pas-

sagen keine Seltenheit), war man froh, im Hafen wieder ruhig und lange schlafen zu können. Die zusätzlichen Kojenkapazitäten werden für besondere Lagen vorgehalten. Dann wird auch schon mal zusammengerückt. Das ist bei dem ausgeprägten kameradschaftlichen Umgangston zwischen Schiffsführung und Mannschaft kein Problem. Eine formelle Anrede mit Dienstgrad gibt es nicht. Das war eine meiner ersten Fragen, die ich stellte, als ich vom Kommandanten begrüßt wurde: »Wie darf ich Sie anreden?« »Ich heiße Andreas Krude und das ist alles.« Ungewohnt für mich, so dass ich mir häufig auf die Zunge biss, wenn bei mir wieder mal »Herr Kapitän« rausrutschen wollte! Ist halt eine traditionelle Respektserweisung.

Doch bevor wir von der Pier im Fischereihafen Cuxhaven ablegen, muss ich die Sicherheitseinweisung über mich ergehen lassen. Das ist nun mal Vorschrift an Bord. Das korrekte Anlegen sowie die Handhabung der Rettungswesten und der Sammelplatz für die gesamte Besatzung im Notfall gehören standardmäßig zu dieser Einweisung. Polizeiobermeister Marco Schulte erklärt mir das Prozedere. Wir sind mit der Einweisung kaum fertig, als durch den Bordlautsprecher das Kommando zum Ablegen kommt. Fast lautlos schiebt sich die BAD BRAMSTEDT von der Pier weg, durch die Schleuse in die Cuxhavener Hafenmündung bis in die Elbe Richtung offene See. Ein kaum wahrnehmbares Vibrieren aus dem Schiffsrumpf signalisiert vermehrte Leistung von der Antriebsanlage an den Schiffspropeller und damit eine erhöhte Fahrgeschwindigkeit. Das ist der Moment, mich vom Leitenden Maschinisten durch sein blitzsauberes Reich führen zu lassen.

Polizeihauptkommissar Klaus-Dieter Heier erklärt mir in seiner Eigenschaft als Chief die Anlage: »Das Herzstück eines jeden Schiffes ist der Antrieb. Diese neuen

Schiffe sollten leistungsfähiger, umweltverträglicher und vor allem wirtschaftlicher gegenüber allen bis dahin verwendeten Schiffstypen werden. Zu diesem Zweck wurden die Schiffe mit der neuesten Technik ausgestattet, aber es wurde auch auf bewährte Technik in modernisierter Form zurückgegriffen. So findet sich die bereits auf den Vorgängerschiffen erprobte Hybrid-Antriebstechnik (Dieselmotor und/oder Elektromotor wirken über ein Getriebe auf den Propeller) wieder. Entsprechend der technischen Weiterentwicklung nutzt man im konkreten Fall einen 600 kW (auf 520 kW gedrosselt) starken Drehstrommotor, der stufenlos über einen Frequenzumformer in seiner Drehzahl geregelt werden kann und Geschwindigkeiten bis zu 12 kn erlaubt. Der Elektromotor erhält seine Leistung von zwei MTU-Dieselmotoren Typ MTU 12 V 2000 M5 0 A, mit jeweils 498 kW bei 1.500/min.

Als Besonderheit ist zu vermerken, dass für das sichere Erreichen der Höchstfahrt (21,5 kn waren gefordert) ein sogenannter Boosterbetrieb möglich ist. Dieser Betriebszustand erlaubt ein paralleles Betreiben des E-Motors mit verminderter Leistung (300 kW) zum Hauptmotor. Positiver Nebeneffekt ist dabei die thermische Entlastung des Hauptmotors in allen Vorausfahrtstufen bis zum Erreichen der Höchstfahrt. Zusätzlich wird somit der bereits bei der Planung des Schiffes auf 5.200 kW verblockte MTU-Hauptmotor zugunsten seiner Lebensdauer geschont. Nach heutigem Stand kann er, wie fast alle ›Schiffsdiesel‹, die Nutzungsdauer des Schiffes, die ungefähr bei 30 Jahren liegt, erreichen beziehungsweise ›überleben‹. Diese Prognose ist für Hauptmotoren auf Patrouillenbooten und Schiffen auch heute noch keine Selbstverständlichkeit. Die erzeugte Leistung wird auf einen fünfblättrigen Festpropeller übertragen.«

Kommandant Frank Plötner am Kompass

Die Beamten im Steuerhaus beobachten Instrumente und Umgebung

Die Schiffsführung unter sich beim Klönschnack

Bereits im Planungsstadium wurde nicht nur an eine optimierte Antriebsanlage gedacht, sondern auch den Vorgaben entsprechend konsequent auf die Wirtschaftlichkeit des Gesamtsystems geachtet.

Der Rumpf der neu zu bauenden Schiffe wurde in der Schiffbau-Versuchsanstalt Hamburg auf Herz und Nieren geprüft. Entgegen der allgemeinen Annahme, dass ein Wulstbug Geschwindigkeitsvorteile beziehungsweise Kraftstoffersparnis bedeutet, ergab die Prüfung bei diesem Schiffstyp, dass die möglichen Ersparnisse für den Betrieb vernachlässigbar sind. Deshalb sind die Einsatzschiffe des Typ P 66 ohne Wulstbug gebaut worden.

Die Maßnahmen (Boosterbetrieb und Schiffsrumpf) sowie die konsequente Leichtbauweise des gesamten Schiffes führten zu einem durchschnittlichen Kraftstoffverbrauch von 105 l/h, was für ein Schiff mit einer Verdrängung von 1.030 BRZ ein guter Wert ist.

Der zweite Maschinist informiert uns, dass der Koch zum Essen gerufen hat. Heute hat Bordkoch Polizeihauptmeister Torsten Lüders leckeres Seehechtfilet mit Kartoffeln und einer tollen Sauce zubereitet. Danach ein Blick in die blitzsaubere, umfangreich ausgestattete Kombüse. Der Koch freut sich über den Besuch. Auch über ein Dankeschön nach dem reichhaltigen und guten Essen. Auf meine Frage wie er sich denn organisiert antwortet er mir: »Vor jeder neuen Schicht wird der Speiseplan zusammengestellt und die entsprechenden Zutaten eingekauft. Essenwünsche der Kollegen werden weitestgehend berücksichtigt. Aus langjähriger Erfahrung weiß ich, was gern gegessen wird und was nicht.«

Nach dem Essen und einer Tasse Kaffee wird es nun endlich Zeit, den Kommandanten auf der Brücke zu besuchen beziehungsweise Informationen zu den nautischen Einrichtungen zu erhalten. Kommandant Andreas Krude, im Rang eines Polizeihauptkommissars, finde ich in dem geräumigen und umfangreich ausgestatteten Steuerhaus, wo er zusammen mit einem Wachgänger aufmerksam die Schiffsbewegungen auf der Elbe beobachtet. Trotzdem nimmt er sich die Zeit und erklärt mir die Nautik. »Die nautische und funktechnische Ausstattung auf der Brücke entspricht den notwendigen internationalen Anforderungen. Sie kann bei Bedarf oder aus einsatztaktischen Gründen jederzeit ergänzt werden. So finden sich hier u.a. moderne Radaranlagen mit integrierten Automatic Identification Systemen (AIS), elektronische Seekarten, verschiedene Seefunkgeräte im Grenzwellen- und UKW-Bereich, Funkpeiler und natürlich ein Echolot. Sollte der Empfang auf See mal nicht so gut sein, ist auch die Nutzung der Satellitenkommunikation kein Problem mehr. Die Rundumsicht auf der Brücke ist heute eine Selbstverständlichkeit und stellt einen bedeutenden Zugewinn an Sicherheit dar. Mittelfristig soll diese Ausstattung allerdings erneuert werden, um auf dem Stand der Technik zu bleiben. Im Notfall können wir auch in begrenztem Umfang zu Feuerlöschaufgaben hinzugezogen werden. Dazu sind wir mit zwei leistungsstarken Feuerlöschmonitoren ausgestattet, die im Bedarfsfall (Lösch- und Kühlmaßnahmen brennender Schiffe) 6.000 l Seewasser/min mit einem Druck von 12 bar bis zu 80 m weit werfen können.«

Der Wachgänger meldet sich: »Herr Krude, die BAYREUTH ist in Sicht und hat bereits ihr Kontrollboot ausgesetzt, um unseren Gast aufzunehmen.«

Geplant ist, wie mir POK Rodehorst erklärt, dass ich zusammen mit ihm von der auslaufenden BAD BRAMSTEDT mit dem

Schiffsinformation
BAD BRAMSTEDT (BP24), BAYREUTH (BP25)

Eigner: Bundesministerium des Inneren; Liegeplatz: Cuxhaven; Bauwerft: Abeking & Rasmussen, Lemwerder; Baujahr: 2002/03; BRT: 1.030 t; Abmessungen: Länge: 65,90 m, Breite: 10,60 m, Tiefgang: max. 3,20 m; Antrieb: 1 x MTU 16V 1163 TB 73L in V-Konfiguration dieselelektrisch; Leistung: 5.200 kW; 1 x elektrischer Fahrmotor: Siemens AM 400; Leistung: 600 kW; Dieselgeneratoren: 2 x MTU Typ 12 V 2000 M5 0 A; Leistung: je 498 kW; 1 x Bugstrahlruder; Geschwindigkeit (max.): 21,5 kn; Crew: 14

Kontrollboot auf die einlaufende BAY-
REUTH übersetze und wieder zurück nach
Cuxhaven fahren werde.

Die Bundespolizeischiffe verfügen über
hochseetaugliche Kontrollboote, die bis zu
einer Wellenhöhe von 4 m eingesetzt beziehungsweise ausgesetzt werden können. Möglich macht das eine seegangs-
stabilisierende Seitenaussetzvorrichtung.
Dadurch können die Beamten bei polizeilichen Kontrollen auf See bereits auf dem
Schiff das Tochterboot besteigen. So entfällt die nicht unerhebliche Gefahrenquelle
beim Bemannen der Boote über Lotsenlei-
tern. Diese Boote können eine Geschwindigkeit von mehr als 30 kn erreichen und
besitzen ebenfalls eine umfangreiche nautische und funktechnische Ausrüstung, wie
zum Beispiel ein Seefunkgerät, ein Funkge-
rät für BOS (Behörden und Organisationen
mit Sicherheitsaufgaben) sowie Karten-
plotter und Echolot.

Nach kurzer Zeit ist das Kontrollboot
unter dem Davit positioniert, das kräftige
Stahlseil wird in die Trägervorrichtung an
Bord des Kontrollbootes eingeklinkt und der
»Bootsfahrstuhl« zieht Boot und Bootsbe-
satzung sicher in die Höhe an Deck der BAD
BRAMSTEDT. Trockenen Fußes steigen wir
bequem und sicher in das Boot und sogleich
geht es wieder rund 8 m abwärts in die See.
Der kräftige Dieselmotor wird gestartet und
mit hoher Fahrt nehmen wir Kurs auf die in
rund 500 m stillliegende BAYREUTH.

Auf meinen Wunsch hin umkreist der
Bootsführer die BAYREUTH einmal und ich
habe die Möglichkeit, das Bundespolizei-
boot von allen Seiten abzulichten.

Mit dem »Bootsfahrstuhl« werden wir
an Deck gezogen, wo mich Kommandant
Polizeihauptkommissar Frank Plötner an
Deck begrüßt. »Kommen Sie mit auf die
Brücke, der Kaffee wartet schon.« Kaffee,
ein in der weltweiten Schifffahrt überall
anzutreffendes und gern getrunkenes Ge-

tränk. Eine »Mug« (Tasse) gefüllt mit damp-
fendem heißen Kaffee wird zu jeder Gelegenheit an Bord getrunken.

Die BAYREUTH ist ein absolut identi-
sches Schwesterschiff der BAD BRAM-
STEDT, die bereits mit hoher Geschwindigkeit in Richtung offene See fährt und
dort in den nächsten sechs Tagen ihren
Dienst versehen wird.

Die Besatzung der BAYREUTH bereitet sich auf ihren Heimaturlaub vor. Sechs
Tage Dienst auf See liegen hinter ihr. Reichlich gepackte Seesäcke und Koffer stehen
bereits an Deck.

Nach rund zwei Stunden läuft die BP25
in den Hafen von Cuxhaven ein und macht
an ihrem festen Liegeplatz im Fischereihafen fest. Die neue Besatzung steht schon
teilweise an der Pier. Sie wird in den nächsten sechs Tagen wieder zu ihrem schifffahrtspolizeilichen Dienst außerhalb der
deutschen Hoheitsgewässer Streife fahren und den Seeverkehr überwachen und
kontrollieren.

Weithin sichtbar:
das Zeichen der
Bundespolizei

Die HERMANN MARWEDE auf Position im Hafen von Helgoland

Jede Minute zählt …

Mit dem Seenotkreuzer HERMANN MARWEDE nach Helgoland

Den nach Kapitel V des Internationalen Übereinkommens zum Schutz des menschlichen Lebens auf See (SOLAS = Safety of Life at Sea) von den Vertragsstaaten einzurichtenden Seenot-, Such- und Rettungsdienst, SAR-Dienst (SAR = Search and Rescue) nimmt in der Bundesrepublik Deutschland die bereits 1865 gegründete Deutsche Gesellschaft zur Rettung Schiffbrüchiger (DGzRS) wahr.

Die Gesellschaft finanziert sich ausschließlich aus Spenden und freiwilligen Zuwendungen. Sie verzichtet bewusst auf staatliche Gelder, um sich ihre Unabhängigkeit zu bewahren. Die Gesellschaft unterhält damit ein Netz von 60 Seenotkreuzern und -rettungsbooten an der deutschen Nord- und Ostseeküste mit rund 1.000 teilweise fest angestellten und überwiegend freiwilligen Seenotrettern.

Dieses Buch wäre nicht vollständig, wenn nicht auch über die Männer, Frauen und Schiffe der Seenotretter berichtet würde.

Wie immer dienstags kommt auch heute der größte deutsche, und auch weltweite, Seenotrettungskreuzer von seiner ständigen Einsatzposition auf Helgoland nach Cuxhaven zum teilweisen Besatzungswechsel sowie zur Proviant- und Bunkerübernahme. Insbesondere Trinkwasser – denn das ist teuer auf Helgoland. Vormann Thomas Müller (den Titel eines Kapitäns gibt es bei den Seenotrettern nicht) ermahnt mich am Telefon nochmals: »Sei pünktlich an Bord. Wir

müssen wieder zurück auf unsere Station.« Ich bin kaum an Bord und habe mich bei Thomas Müller vorgestellt, als er auch schon sein Kommando zum Auslaufen an seine Crew bekannt gibt: »Gangway rein und Vor- und Achterleinen los.«

Ganz leichte Vibrationen aus dem Schiffsbauch informieren mich nun, dass Müller unter langsamer Fahrt aus dem engen Cuxhavener Hafen auf die Elbe manövriert. Aufmerksam beobachtet er von seinem Steuerstand die Verkehrssituation auf der Elbe, bevor er sich Richtung offene See bewegt. Mit mäßiger Geschwindigkeit läuft das Schiff nun zu seinem Zielort. Mit den Worten: »Wir werden in ungefähr drei Stunden auf Helgoland sein« übergibt Müller das Steuer an seinen Kollegen Thilo Heinze, der auf dieser Schicht die Position des II. Vormannes übernommen hat. »Und wir gehen erst mal essen.« In der geräumigen Messe hat Rettungsmann Henning Toben einen geschmackvollen Ein-

Auf Kontrollfahrt

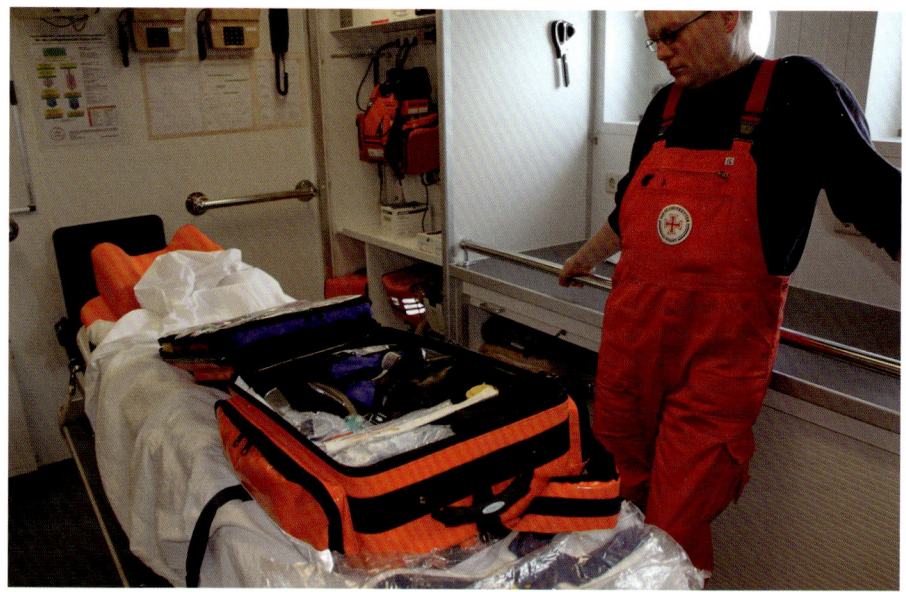

Die Sanitäts-
abteilung ist gut
ausgerüstet

topf mit Wursteinlage gezaubert. »Während der Crewwechseltage gibt es immer etwas Schnelles und Einfaches.« Toben kocht nicht nur für die Mannschaft, sondern er ist auch noch ausgebildeter Rettungsassistent. Die notwendige Ausbildung dazu hat er beim Roten Kreuz erhalten, bevor er vor rund fünf Jahren zu den Seenotrettern kam.

Kaum hat Müller sein Essen beendet, ist er auch schon wieder auf dem Wege auf die Brücke, nicht ohne mich zu ermahnen: »Wenn du an Deck gehst, auf jeden Fall immer die Rettungsweste anlegen.« Thilo Heinze übergibt mir für die Zeit an Bord eine Rettungsweste und hilft mir beim Anlegen. Diese Rettungswesten sind etwas Besonderes. Alle Boote der Seenotretter haben diese neuen Westen. Sie beinhalten zum Beispiel einen persönlichen Sender, ein sogenanntes Crew-Finder-System für den Fall, dass ein Seenotretter im Einsatz außenbords fallen sollte, Spraycaps, Beingurte (eine feine Sache!) und einen Rettungsgriff.

Ich habe nun Zeit, mich mit dem Maschinisten Jürgen Gehrke zu unterhalten. Ge-

duldig erklärt er mir Schiff und Einrichtung: »Die HERMANN MARWEDE ist der einzige Seenotkreuzer (SK) der 46-m-Klasse der DGzRS. Er gilt als der größte Seenotkreuzer der Welt. Von Helgoland aus, dem Herzen der Deutschen Bucht, sichert dieses besondere Schiff der Seenotretter mit leistungsstarker Feuerlöschanlage, starker Schleppwinde und umfangreich ausgestattetem Bordhospital die viel befahrenen Großschifffahrtswege. Gebaut wurde das Schiff auf der Fassmer-Werft in Berne an der Unterweser. Es wurde 2003 in Dienst gestellt. Bei 46 m Länge, einer Breite von 10,66 m und einem Tiefgang von 2,80 m erreicht unser 404 t verdrängendes Schiff eine Geschwindigkeit von 25 kn (= 46,3 km/h). Die Stammbesatzung besteht aus 15 Nautikern und Technikern. Jeweils sieben Mann gehen eine 24-Stunden-Bereitschaft im Zwei-Wochen-Turnus. Immer dienstags wird teilweise gewechselt. Die Einsatzgeschwindigkeit von 25 kn erreichen wir mit einer Mittelmaschine (MTU-Diesel Typ 16 V 4000 M90 mit 2720 kW/3700 PS) sowie zwei Seitenmaschinen (MTU-Diesel Typ 12 V 4000

Ansteuerung
Helgoland

M90 mit je 2040 kW/2775 PS) über drei Propeller. Sie liefern eine Gesamtmotorleistung von 6800 kW. Durch den Einsatz von zwei hydraulisch betriebenen Bugstrahlruder-Anlagen (je 105 kW/142 PS) können die Nautiker den Kreuzer bei Einsatz- und Hafenmanövern exakt positionieren.«

Vormann Müller ruft mich über den Bordfunk auf die Brücke. Er erklärt mir die sehr gut ausgestattete Brücke mit Rundumsicht. »Wir benötigen eine sehr gute und umfangreiche Navigations-, Kommunikations- und Peilanlage. Diese wurde nach unseren Erfahrungen und Empfehlungen in Zusammenarbeit mit einer DGzRS-internen Arbeitsgruppe zusammengestellt und installiert. Ausführliche Erprobungsfahrten auch unter erschwerten Bedingungen brachten weitere Erkenntnisse. Einen separaten Arbeitsplatz in der Brücke hat der OSC (OSC = On-Scene Coordinator).« Mit diesem Begriff kann ich erst mal nichts anfangen. Müller blickt in mein fragendes Gesicht und erklärt: »Beteiligen sich zwei oder mehr Einheiten an einer Suche, so übernimmt eine vor Ort die Koordinierung aller teilnehmenden Kräfte. Der SAR-Mission-Coordinator (SMC) in der Seenotleitung Bremen (MRCC = Maritime Rescue Coordination Centre) ernennt als Einsatzleiter vor Ort einen OSC. Er ist der verantwortliche Leiter einer an der Suche teilnehmenden SAR-Einheit, eines Luftfahrzeuges oder jemand in einer in der Nähe befindlichen Einrichtung, der in der Lage, ist die Aufgaben des OSC wahrzunehmen. Normalerweise übernimmt der verantwortliche Leiter der zuerst vor Ort eintreffenden Einheit die Position des OSC, bis der SMC über die Ablösung dieser Person entscheidet. Der OSC kann auch die Aufgaben des SMC übernehmen und eine Suchplanung durchführen, falls er direkt eine Notsituation erkennt und keine Verbindung zu einem MRCC hergestellt werden kann.

Der On-Scene Coordinator sollte die fähigste verfügbare Person sein, wobei SAR-Ausbildung, Kommunikationsmittel und die Verweildauer des OSC im Suchgebiet berücksichtigt werden müssen.«

Ich frage Müller: »Wer informiert euch über notwendige und durchzuführende Einsätze?«. Er holt tief Luft, bevor er mir antwortet: »Die Seenotleitung Bremen ist im Seenotfall innerhalb des SAR-Bereiches der Bundesrepublik Deutschland für die Durchführung der Rettungsmaßnahmen zuständig. Sie sorgt für Planung, Koordinierung und Abschluss der SAR-Maßnahmen und deren Dokumentation.

Die DGzRS wird bei der Durchführung des Such- und Rettungsdienstes in Seenotfällen durch die Hubschrauber des militärischen SAR-Dienstes der Deutschen Marine unterstützt. Zur Durchführung des Such- und Rettungsdienstes auf See verfügt die DGzRS über eine Flotte von 60 Seenotkreuzern und Seenotrettungsbooten, die sich auf 54 Standorte entlang der Nord- und Ostseeküste im Bereich der Bundesrepublik Deutschland verteilen.

Alle Einheiten der Rettungsflotte stehen in ständiger Verbindung mit der durchgehend besetzten Seenotleitung (MRCC) Bremen. Liegen wir an unserem Einsatzort auf Helgoland, ist unsere Brücke rund um die Uhr mit zwei Wachgängern besetzt. Entweder wir hören über Funk die Anforderung zu einem Rettungseinsatz direkt von dem in Schwierigkeit gekommenen Schiff oder wir erhalten unsere Einsatzanweisung von der Seenotleitung Bremen. Und dann geht es innerhalb von wenigen Minuten los.

Erst kürzlich waren wir in der Werft für umfangreiche routinemäßige Wartungs- und Kontrollarbeiten. Auch wurde das Tochterboot VERENA durch ein neues Festrumpfschlauchboot gleichen Namens ersetzt. Das bisherige Tochterboot kommt nun als eigenständiges Seenotrettungsboot unter dem Namen WALTER ROSE von Kiel-Schilksee aus weiterhin zum Einsatz.

Sehr häufig kommt es vor, dass wir medizinische Erstversorgung leisten müssen. Dazu verfügt unser Schiff über ein Bordhospital. Die Ausrüstung besteht standardmäßig, wie bei allen Seenotkreuzern, aus einem EKG-Telemetriegerät, einer Beatmungsanlage und mobilen Modulen aus Notfallkoffern, Rucksäcken und -taschen, so wie sie auch auf Notarztwagen an Land eingesetzt wird. Unsere Rettungsassistenten verfügen über praktisches Fachwissen. Alle Besatzungsmitglieder sind als ständig geschulte Laienhelfer in der erweiterten Ersten Hilfe ausgebildet. Freiwillige Seenotärzte werden bei Bedarf per Hubschrauber zum Einsatzort nachgeflogen oder begleiten die Besatzung des Seenotkreuzers von Fall zu Fall.«

Die HERMANN MARWEDE befindet sich bereits in der Ansteuerung zum Helgoländer Hafen. Nun ist auch Thomas Müller wieder gefragt. Heute bläst ein ungemütlicher Wind aus östlicher Richtung, der das Anlegen des Schiffes erschwert: Der Wind drückt den Seenotkreuzer von der Pier weg. Thomas Müller muss nun mit zusätzlicher Bugstrahlruder-Unterstützung das Schiff in Position halten, bis alle Festmacherleinen sicher an Land belegt sind. Er lässt noch ein paar weitere Leinen ausbringen: »Sicher ist sicher!«

Für mich bleibt gerade noch Zeit, die ungefähr 200 m bis zu dem Fahrgastschiff FUNNY GIRL zu gehen, das mich in einer gut dreistündigen Fahrt wieder zurück nach Cuxhaven bringt.

Schiffsinformation
Rettungskreuzer HERMANN MARWEDE

Auftraggeber/Eigner: Deutsche Gesellschaft zur Rettung Schiffbrüchiger (DGzRS); Heimathafen: Bremen; Bauwerft: Fr. Fassmer GmbH, Berne; Baujahr: 2003; Verdrängung: 404 t; Abmessungen: Länge: 46,00 m, Breite: 10,66 m, Tiefgang: max. 2,80 m; Antrieb: 3 x MTU: 1 x 16V 4000 M90, 2 x 12V 4000 M90; Leistung: 1 x 2.720 kW, 2 x 2.040 kW, 2 x Bugstrahler zu je 105 kW, ; 3 Festpropeller; Geschwindigkeit (max.): 25 kn; Besatzung: 7

Für den Einsatzfall: Überlebensanzüge hängen griffbereit

Die INNOVATION im Nordhafen von Bremerhaven

Auf vier Beinen steht man besser

Schwerlast-Kranhubschiff INNOVATION

Politiker und Energieerzeuger sehen Windparks auf See als die Zukunft der Stromerzeugung an. Vor Deutschlands Küsten sind insgesamt 29 Windparks genehmigt: 26 in der Nordsee und drei in der Ostsee. 99 weitere sind beantragt, davon 82 in der Nord- und 17 in der Ostsee.

Doch dazu werden technisch anspruchsvolle Schiffe, sogenannte Offshore Windanlagen-Errichterschiffe, benötigt, die den Bau der deutschen küstenfernen Windenergieanlagen (WEAs) im 20 bis 50 m tiefen Wasser der Nordsee ermöglichen.

Windanlagen-Errichterschiff INNOVATION: ihr Name ist Programm

Das Spezialschiff entstand im Auftrag von HGO Infra Sea Solutions GmbH, einem Unternehmen der belgischen DEME-Gruppe und Hochtief-Solutions. Dieses Joint-Venture hat das Konzept sowie das Design für das Schiff gemeinsam entwickelt. Seit dem Sommer 2012 ist die INNOVATION im Einsatz. Sie gilt mit ihren 147,5 m Länge, 42 m Breite und einem Schwerlastkran als das zurzeit leistungsfähigste Errichterschiff. Von ihrem Heimat- beziehungsweise Basishafen operiert das Kranhubschiff zum Offshore-Windpark Global Tech I. Bei jedem der zwölftägigen Rundtörns (Bremerhaven bis Windpark Global Tech I und wieder zu-

rück) werden drei der sogenannten Tripods und neun Rammpfähle auf dem 3.400 m² großen Deck transportiert und im Windpark aufgestellt. Jeder Tripod wiegt rund 900 t. In Summe kann die INNOVATION rund 8.000 t Zuladung befördern.

Das Schiff, das für Wassertiefen von bis zu 65 m ausgelegt ist, wird auch für Arbeiten im Offshore-Öl- und Gas-Bereich eingesetzt.

Für Installationsarbeiten wurde die INNOVATION mit einem leistungsfähigen Liebherr-Kran ausgestattet. Der Schwerlast-Offshore-Kran kann maximal 1.500 t tragen und die Hubhöhe liegt dabei mehr als 120 m über Deck. Zu den innovativen technischen Lösungen gehört auch, dass der Kran nach dem CAL-Bauprinzip (Crane Around the Leg) konzipiert worden ist: Der

Drei Querstahlruder im Vorschiff halten das Schiff auf Position

Vier Schottel-
Ruderpropeller
sorgen für genaues
Manövrieren

Kran wurde so montiert, dass er sich um eines der vier Hubbeine um 360 Grad drehen kann.

Mit einer Tragfähigkeit von 9.550 dwt bei der Vermessung von 21.900 BRZ hat das Schiff Wohnräume für 100 Personen, die sich aufteilen lassen in: 25 Mann Schiffsbesatzung (Nautiker, Techniker und Deckscrew) sowie etwa zehn Frauen, die im Catering eingesetzt werden. Die restlichen 65 Personen sind dem sogenannten Installer-Team zuzurechnen. Kapitän Jörg Eden (36), seit rund zwölf Jahren als Kapitän im Offshore-Geschäft tätig, erklärt die Verweildauer an Bord: »Unsere Schiffsbesatzung bleibt turnusmäßig vier Wochen an Bord, bevor wir abgelöst werden. Dann übernimmt eine zweite Mannschaft das Schiff.«

Der Schiffsantrieb

Die INNOVATION verfügt über einen diesel-elektrischen Antrieb. Sechs Dieselmotoren mit einer Nennleistung von jeweils 4.500 kW und ein Hafendiesel sorgen für den notwendigen Antrieb der Generatoren. Mit dem erzeugten Strom werden die vier Schottel-Ruderpropeller sowie drei Schottel-Bugstrahler angetrieben. Den Vortrieb und die dynamische Positionierung (DP2) der INNOVATION übernehmen die vier Ruderpropeller mit je 3,5 MW sowie drei Bugstrahler mit je 2,8 MW. Die Dienstgeschwindigkeit des Schiffes liegt bei 12 kn.

Das Hubsystem

Errichterschiffe für die Montage auf See – »Jack-up-Barges« oder »Jack-up-Vessels« genannt – erkennt man an den turmhohen Hubbeinen (INNOVATION = Länge 90 m, Gewicht 1.000 t pro Bein), die während der Reise zum Windpark hoch aufragen. Am Montageort werden die Beine auf den Meeresboden abgesenkt, so dass sich das Schiff mit eigener Motorkraft an ihnen in die Höhe ziehen kann. Sobald die Beine

Das Bild macht
die Ausmaße des
Schwerlastkrans
erst richtig sichtbar

den Meeresgrund berühren, kommt die gefährlichste Phase des Manövers. »Durch Wellenberg und Wellental stampft die Insel dann auf dem Grund auf«, erklärt Kapitän Eden. »Das rumst jedes Mal wie bei einer harten Landung im Flugzeug.« Möglichst schnell muss die INNOVATION daher aus dem Wasser herausgestemmt werden. Dann bildet das Schiff eine für die Errichtung von Jackets oder Windturbinen stabile Arbeitsbühne. Das vollautomatische, zahnradgetriebene Jacking-System wird mit 96 Hubeinheiten (24 Zahnräder pro Hubbein) mit jeweils eigenem Antrieb gesteuert und nimmt 9.000 kW Antriebsleistung auf. Diese hohe elektrische Antriebsleistung ist notwendig, um mit einer Hubgeschwindigkeit von rund 1 m/min. in einer Stunde eine Höhe von 60 m zu erreichen.

Sobald die INNOVATION auf festen Füßen über den Wellen schwebt, ist sie kein schwimmendes Schiff mehr, sondern eine feste Insel. Der Kapitän übergibt jetzt das Kommando an den Bauleiter. Nun wird 24 Stunden rund um die Uhr im Mehr-

schichtensystem gearbeitet. Der Bauleiter kennt die Reihenfolge der nun folgenden Arbeiten. Für jeden Arbeitsschritt gibt es einen exakten Plan – doch oft setzt ihn das Wetter außer Kraft. Schon ab Windstärken von 7 Beaufort (18 m/s) müssen die meisten Arbeiten eingestellt werden. Das letzte Wort haben weder Bauleiter noch Bauherr, sondern ein Inspektor der Versicherungsgesellschaft. Er steht stets mit auf der Brücke. Und wenn er den Daumen senkt, ist Feierabend. Die Mannschaft wählt dann zwischen Fernsehlounge und Fitnessstudio.

Unwetter sind dagegen kein Problem. Anders als ein Schiff kann die INNOVATION schweren Seegang einfach »abwettern«: Statt in einen sicheren Hafen zu flüchten, werden einfach die Beine noch weiter ausgefahren. 20 m stemmt sich die Plattform dann über die tosende See hinaus. »Die Hubinsel ist auf die Zehnjahreswelle ausgelegt«, sagt Eden. »Auf 17,5 m brachte es die stärkste im vergangenen Jahrzehnt gemessene Welle in einem Baugebiet vor

Borkum. Unter der INNOVATION würde sie
einfach hindurchrollen.«

Bohrverfahren für Offshore-Gründungen

Um die Gründungsarbeiten der Windmas-
ten effizienter und vor allem umweltver-
träglicher zu gestalten, hat Hochtief So-
lutions gemeinsam mit der Herrenknecht
AG das sogenannte Offshore Foundation
Drilling-Verfahren (OFD®) entwickelt. Die
Rammpfähle der Tripods werden in der
Regel mit großen hydraulischen Hämmern
in den Meeresboden gerammt. Bis zu 8000
Schläge pro Pfahl sind nach Angaben des
Unternehmens dafür nötig. Dabei werden
Hydroschallpegel erzeugt, die erhebliche
Auswirkungen auf die Meeresfauna und
insbesondere auf heimische Schweins-
wale in der deutschen Nord- und Ostsee
haben können. Bei dem neu entwickelten
Verfahren werden die Gründungsstruktu-
ren der Windkraftanlagen durch ein Bohr-
verfahren im Seeboden verankert.

Der bordeigene Kran hebt bis zu 1.500 t

Dadurch wird die Lärmbelästigung erheblich verringert und es werden – da das
Verfahren sehr anpassungsfähig sei – weitere technische Möglichkeiten geschaffen.
Es können beispielsweise Pfahldurchmes-
ser, die größer als 6 m sind, erstellt werden,
bei denen die traditionelle Rammtechnik an
ihre Grenzen stößt.

Im Gegensatz zum Rammverfahren
wird bei dem Bohrverfahren der gegenwärtig einzuhaltende Richtwert von 160 dB vom
BSH festgelegt (Bundesamt für Seeschifffahrt und Hydrographie) um mehr als 40 dB
unterschritten.

Schiffsinformation
Errichterschiff INNOVATION

Kranhubschiff; Heimathafen: Bremerhaven; Charterer:
Hochtief; Helideck, Eigner: HGO; Bauwerft: Crist-Werft, Gdy-
nia; Baujahr: 2012; Vermessung: 21.900 BRZ; Abmessungen: Länge: 147,5 m, Breite: 42 m; Freie Decksfläche: 3.400
m2##hochstellen##; Tragfähigkeit: 9.550 t; Motorisierung:
6 x MAK 9M32; Leistung/Drehzahl: je 4.500 kW; Antrieb: 4 x
Schottel-Ruder-Propeller, Bug-/Querstrahler: 3 x Schottel
STT3030; Schwerlastkran: Liebherr CAL 64000-1500 Litronic;
Tragkraft: 1.500 t; Hubhöhe über Deck: 120 m; Elektrohydrau-
lischer Antrieb: 4.000 kW; Hubbeine: 4; Gitterkonstruktion,
Länge: 90 m; Gewicht: je 1.000 t; Hubgeschwindigkeit: 1 m/
min.; Besatzung: 25, Flagge: DE; Klassifikation: GL

Tripods warten auf ihren Abtransport

Die SIEM MOXIE in Aktion. Gut zu sehen die wellenausgleichende Gangway
für den sicheren Übergang der Techniker auf die Plattform

Kurshalten in rauer See mit der Axt

Spezialschiff SIEM MOXIE unterstützt Aufbau des Windparks Amrumbank

In der Nordsee entsteht der Offshore-Windpark Amrumbank West. Das Windparkgebiet erstreckt sich über eine Fläche von zirka 34 km² und liegt ungefähr 35 km nördlich von Helgoland sowie rund 37 km westlich der nordfriesischen Insel Amrum innerhalb der Deutschen Ausschließlichen Wirtschaftszone (AWZ). Der Offshore-Windpark wird aus 80 hochmodernen Siemens-Windturbinen der 3,6 MW-Klasse bestehen und eine Gesamtleistung von 288 MW erzielen. Mit der erzeugten Energie können bis zu 300.000 Haushalte versorgt und jährlich mehr als 740.000 t CO_2 eingespart werden. Die Fertigstellung und Inbetriebnahme des Windparks durch den Energiekonzern E.on soll bis Frühjahr 2015 erfolgen. Der Konzern, nach eigenen Angaben weltweit der drittgrößte Betreiber von Offshore-Windparks, investiert rund eine Milliarde Euro.

Innovative Spezialschiffe werden dringend benötigt

Die Installation von Windenergieanlagen auf hoher See ist eine hochkomplexe Aufgabe. Sie erfordert Spezialschiffe – sogenannte Windturbinen-Installationsschiffe (WTIS) sowie Vielzweckschiffe zur Unterstützung des Aufbaus. E.on hat dieser Forderung Rechnung getragen und mit

dem neuen »Infield Support Vessel« (ISV) SIEM MOXIE ein besonderes Schiff, welches im UlsteinX-Bow Design vom Typ SX 163 gebaut wurde, langfristig für die Aufgaben im Windpark Amrumbank West gechartert. Basishafen für das Schiff ist Cuxhaven. Das ISV bleibt rund vier Wochen auf See. Danach kommt das Schiff zurück, um die Mannschaft zu wechseln und Kraftstoff, Proviant und weiteres Material zu übernehmen. Anschließend geht es für weitere vier Wochen zurück an den Windpark-Arbeitsplatz.

Die SIEM MOXIE wurde auf der norwegischen Werft Fjellstrand in Omastrand am Hardangerfjord gebaut, wobei das Kasko (Schiffsrumpf) von der türkischen Ada Shipyard aus Tuzla, nahe Istanbul, stammt.

Das Ulstein Group-Tochterunternehmen Ulstein Design AS entwarf den Ulstein X-Bow in den Jahren 2001 bis 2004. Vordergründiges Ziel der Entwicklung war

Der gebürtige holländische Offshore Installation Manager (OIM) Robert Fronenbroek lebt in Seattle, US

Oben:
Die verstaute
Gangway auf dem
Oberdeck des
Schiffes

Unten:
Die diesel-elektrische
Kraftzentrale be-
steht aus vier MTU-
Motoren und Gene-
ratoren sowie zwei
Voith-Schneider
Propellern

Beschleunigungen führt. Dies begünstigt einen geringeren Strömungswiderstand und verbessert das Slammingverhalten im Vorschiff. Das Schiff schneidet wie eine Axt (X = Kurzform für englisch ax = Axt) die Wellen. Die Modellversuche haben gezeigt, dass Spritzwasser auf dem Brückendeck auch bei hohen Wellen stark reduziert wird. Damit wird die Gefahr von zerbrochenen Brückenfenstern minimiert, einem der häufigsten Unfälle bei Offshore-Fahrzeugen in hohen Wellen.

Noch einen Vorteil bietet der X-Bow: ein geräumiges Vorschiff. So finden im vorderen Schiffsbereich Kabinen für 60 Personen Platz, dazu auch ein kleines Hospital, ein Raucherraum und ein Kino sowie mehrere Räume, die der Kommunikation dienen. Seit 2006 wurden bereits 40 Schiffe mit dem X-Bow-Design ausgeliefert oder befinden sich gegenwärtig im Bau.

Ausgelegt auf spezifische Arbeiten in Windparks in der Nordsee und im Atlantik, ist das 74 m lange und 17 m breite Arbeitsschiff das erste X-Bow-Schiff, das mit Voith-Schneider-Propellern ausgestattet ist. Zur Anwendung kamen zwei elektronisch gesteuerte VSP der Baugröße 28R5 ECS/234-2 in Heckanordnung mit einer Antriebsleistung von jeweils 1.850 kW. Die beiden Voith-Schneider-Propeller werden gleichzeitig auch zur aktiven Rollstabilisierung und zur dynamischen Positionierung (DP-Klasse 2) verwendet. Die gesamte Antriebsanlage sowie das DP-System werden zentral gesteuert.

»Mit dem dynamischen Positionierungssystem können wir auf bis zu 0,5 m in allen Richtungen, sowie bis zu Wellenhöhen von bis zu 3 m, unsere Position halten. Das ist insbesondere wichtig für das gefahrlose Übersetzen der Mechaniker auf die Plattformen. Das Schiff ist ja noch neu und wir stehen noch am Anfang mit unseren Erfahrungen – wir müssen nun aus-

eine Verbesserung des Seeverhaltens von Offshore-Fahrzeugen in schweren Seebedingungen. Der patentierte Ulstein X-Bow ist eine Bugform ohne Wulstbug (Birne), deren Vordersteven sich oberhalb der Wasserlinie nach hinten neigt. Die Form ist dem Orca-Wal nachempfunden. Die Vorteile der Form liegen im geringeren Strömungswiderstand und in höheren Geschwindigkeiten bei schweren Seebedingungen. Durch den im Bereich kurz über der Wasseroberfläche völligeren Steven erzielen Schiffe mit X-Bow einen höheren Auftrieb bei geringerem Eintauchen, was zu weicheren Seegangbewegungen des Schiffsrumpfes und geringeren negativen

Gangway und 3D-
Kran in Ruhestellung

probieren, wie sich das Schiff bei seinen ersten Einsätzen und auch bei rauer See verhält«, bemerkt Samuel Vischeiner, einer der beiden OIM (Offshore Installation Manager) an Bord.

Die SIEM MOXIE ist mit einem diesel-elektrischen Antrieb ausgerüstet worden. Das Kraftwerk besteht aus zwei MTU-Die-selmotoren vom Typ 16V 4000 M23S mit je 1.840 kW bei 1.800 U/min und zwei MTU-Dieselmotoren Typ 12V 4000 M23S mit je 1.380 kW bei 1.800U/min. Die Dieselmoto-ren sind mit Daikin-Generatoren verbun-den. Die elektronischen Steuereinheiten erlauben beliebige Kombinationen der o.g. Stromaggregate. Damit kann die Leistung optimal an die abgerufene Leistung ange-passt und dabei die laufenden Dieselmo-toren im für den Treibstoffverbrauch güns-tigsten Drehzahlbereich gehalten werden. Der elektrische Strom wird für die Voith-Schneider-Propeller, den einziehbaren Ruderpropeller am Bug, die beiden Bug-strahlruder und die restlichen Bordstrom-verbraucher zur Verfügung gestellt.

Für die SIEM MOXIE wurden bei der Hamburgischen Schiffbau-Versuchsanstalt Modellversuche durchgeführt. Ausgelegt wurde sie auf eine Geschwindigkeit von 14,5 kn. Bedingt durch die positiven Eigen-schaften des Zusammenspiels zwischen VSP (Voith-Schneider-Propeller) und dem X-Bow-Design, ergeben sich geringere Vibrationen, ein niedrigerer Kraftstoffver-brauch und dadurch weniger Emissionen für die Umwelt. Das Spezialschiff ermög-licht der Betreibergesellschaft künftig nicht nur einen schnelleren Transfer der bis zu 60 Mann (18 für den Schiffsbetrieb, sowie 40 Techniker) starken Besatzung in die Wind-parks, sondern auch einen wirtschaftliche-ren Betrieb unter DP-Bedingungen. Auf-grund der ruhigeren Lage des Schiffes ist auch bei widrigen Seegangs- und Windver-hältnissen noch ein Arbeiten auf dem 200 m^2 großen Arbeitsdeck sowie nahe an den Offshore-Konstruktionen möglich.

Wenn die SIEM MOXIE künftig ihre Einsatzfelder erreicht, können die Tech-niker über eine erstmalig neu entwickelte

Der Name »MOXIE«
ist sinngemäß mit
Tapferkeit, Geschick
und Wissen zu
übersetzen

von Material und Gerätschaften auf Fundamente und Plattformen zum Einsatz.

Robert Fronenbroek, der Zweite OIM-Officer, beschreibt den 3D-Kran so: »Stellen Sie sich vor, Sie sind auf See in wirklich schlechtem Wetter und das Schiff rollt und stampft möglicherweise – dann sitzt man im Kranführerhaus wie in einer kardanisch aufgehängten Glocke. Das ist der große Vorteil: Wir können mit diesem Kran Lasten, die auf die Plattformen übergesetzt werden müssen, ohne Schaukelbewegungen sicher transportieren.«

Der Kran hat eine Hebekapazität von 5 t und lässt sich bis auf 30 m über dem Meeresspiegel ausfahren.

Gangway mit Seegangskompensierung – Walk-2-Walk (W2W) – sicher zu den einzelnen Windenergieanlagen übersetzen. Bei diesem Vorgang kommen die Vorteile der Voith-Rollstabilisierung im Zusammenspiel mit den beiden Propellern voll zum Tragen. Ebenfalls weltweit erstmalig kommt hier ein sogenannter 3D-Bewegungskompensierender Kran von MacGregor zum Versatz

Zukünftig wird das Schiff die Seekabelinstallation in Offshore-Windparks unterstützen, wobei sowohl das Personal zum Kabeleinziehen in die Windmühlen als auch zur Kabelmontage an Bord untergebracht ist und von dort zu den einzelnen Plattformen gebracht wird.

Die SIEM MOXIE ist auch für den Einsatz als zentrales Wartungsschiff in Windparks und bei Öl- und Gasplattformen auf hoher See geeignet, wobei die Wartungstechniker ebenfalls an Bord wohnen und per Gangway zu den jeweiligen Arbeitsplätzen übergesetzt werden.

Schiffsinformation
Infield Support Vessel SIEM MOXIE

Eigner: Siem Offshore AS; Auftraggeber: Siem Offshore AS; Betreiber: E.on; Bauwerft: Ada Shipyard, Tuzla, und Fjellstrand AS, Norwegen; Baujahr: 2014; Verdrängung: 4.349 t; Abmessungen: Länge: 74 m, Breite: 17,00 m, Tiefgang: 6,4 m; Antrieb: dieselelektrisch 2 x MTU Typ 16V 4000 M23S mit je 1.840 kW bei 1.800U/min und zwei MTU-Dieselmotoren Typ 12V 4000 M23S mit je 1.380 kW bei 1.800U/min.; Propeller: 2 x Voith-Schneider-Propeller VSP 28R5 ECS/234-2; Einsatzgeschwindigkeit: bis zu 14 kn; Bugstrahlruder: 2 x Brunvoll Thruster, je 1.200 kW plus 1 x ausfahrbarer Brunvoll Azimuth Thruster 880 kW; Klassifikation: DNV *1A1, Offshore Service Vessel, SF, ED, BIS, DYNPOS-AUTR, Clean Design, COMF-V(3), NAUT-DSV (A), SPS

Internationale Auszeichnung für das Arbeitsschiff im X-Bow-Design

Sowohl das Konzept der SIEM MOXIE als auch die Neuentwicklung des 3D-Spezialkrans wurden im Februar des Jahres 2014 durch die Verleihung des »Renewable Energy Awards« und des »Innovation Awards« von einer internationalen Jury gewürdigt.

In Küche und Messe versorgen drei Köche und zwei Stewards Besatzung und Plattform-Mechaniker

Wind Force 1: Mit voller Fahrt zum Einsatzort

Auf zwei Rümpfen zu den Windparks

Werft Diedrich in Oldersum lieferte den ersten Offshore-Katamaran an Frisia-Reederei ab

Die Schiffswerft Diedrich GmbH in Oldersum hatte Ende Juni 2009 ihren ersten Offshore-Katamaran WIND FORCE 1 an die Aktiengesellschaft Reederei Norden-Frisia aus Norderney abgeliefert. Für die Oldersumer Werft war der Katamaran der erste Neubau seit vielen Jahren. Geschäftsführer Jens Schädler sprach von einem »Meilenstein« und hatte berechtigte Hoffnungen auf neue Aufträge. Schädler: »Interessenten hatten wir schon genug. Jetzt warten wir auf die Aufträge.«

Der speziell für die Offshore-Windparks in der Deutschen Nordsee konzipierte Katamaran basierte auf Entwürfen des australischen Ingenieurbüros Global Marine Design. Das Material für den Kasko in Form von vorgefertigten Aluminiumblechen kam in Containern verpackt auf dem Seeweg von Australien nach Oldersum.

Schnelligkeit und Stabilität des Schiffes waren die wesentlichen Gründe für den Bau eines Katamarans. Entsprechend den Vorschriften des Germanischen Lloyds sowie der nationalen und europäischen Vorschriften haben die Oldersumer die Konstruktion des Schiffes überarbeitet. Die WIND FORCE 1 trägt das GL-Klassezeichen GL+ 100 A5 II HSDE OC3 Special Purpose Ship.

Unter deutscher Flagge ist der Offshore-Katamaran das erste Fahrzeug dieser Art, das nach dem internationalen SPS-Code (Special Purpose Ship) für diesen Einsatz gebaut wurde. Die Reederei Norden-Frisia verfügt damit über ein seegängiges und vielseitig verwendbares Schiff, das im Wachstumsmarkt Offshore-Windenergie bereits auf eine große Nachfrage stößt.

Der Transport der Servicetechniker in den Offshore-Park erfolgt entweder zu Wasser oder aus der Luft. Im Frühling und Sommer kommen aufgrund der relativ ruhigen See hauptsächlich Schiffe zum Einsatz, im Herbst und Winter bei rauer See eher Helikopter. Grund dafür sind die jeweiligen Wetterbedingungen: Ab einer signifikanten (durchschnittlichen) Wellenhöhe von 1,5 m, die auch Wellen von etwa 2 m Höhe beinhaltet, ist das Übersteigen vom Serviceboot auf die Anlagen aus Sicherheitsgründen untersagt.

Demgegenüber ist das Anfliegen der Windturbinen mit dem Helikopter auch bei relativ hohen Windstärken möglich. Die Windturbinen verfügen auf dem Dach ihres Maschinenhauses jeweils über eine Absetzplattform (die sogenannte Abwinschfläche), auf die die Servicetechniker aus dem Helikopter heraus abgeseilt werden. Landen können Helikopter auf einer Windturbine nicht. Ein Hubschrauberlandeplatz zum Zwischenlanden bei Wartungseinsätzen befindet sich auf dem Offshore-Umspannwerk.

Für die Einsätze auf hoher See gelten sehr hohe Sicherheitsanforderungen. Die Windenergieanlagen und das Umspannwerk sind mit umfassenden Sicherheitseinrichtungen ausgestattet. Dazu gehören

Windpark alpha ventus mit Umrichterstation. Nicht ganz ungefährlich ist der Aufstieg zu den Windmühlen: Windanlagentechniker machen sich zum Aufstieg bereit

eine umfangreiche Erste-Hilfe-Ausstattung und Kommunikationsmittel wie beispielsweise mehrere Telefone auf allen Windenergieanlagen. Das Servicepersonal hat eine zertifizierte Ausbildung zur Sicherheit auf See und bei Helikopterflügen absolviert und wird regelmäßig arbeitsmedizinisch untersucht. Im behördlich genehmigten Schutz- und Sicherheitskonzept sind Ablaufroutinen und die lückenlose Kommunikation mit dem Betriebsbüro festgelegt. So ist sichergestellt, dass alle Arbeiten koordiniert erfolgen und zum Beispiel schnell auf wechselnde Wetterverhältnisse reagiert werden kann. Notfallpläne, die mit den öffentlichen Einrichtungen für die Seeverkehrsüberwachung und Seenotrettung abgestimmt sind, ergänzen die Sicherheitsmaßnahmen.

Die Betriebszentrale in Norden

Die Stadt Norden im Landkreis Aurich ist der Onshore-Fokus von alpha ventus. Hier liegen Betriebsbüro und – am Hafen von Norddeich – das Offshore-Wartungsschiff WIND FORCE 1.

In der Leitstelle arbeiten in der Regel pro Schicht zwei Betriebsführer. Dort laufen alle Informationen und Daten zusammen. Auf mehreren Bildschirmen wird der Betriebszustand des Windparks in Echtzeit dargestellt – per Bild, Karten, Grafiken und Zahlen. Zu den erfassten Betriebsdaten zählen u.a. Windgeschwindigkeit, Leistungsabgaben, Drehzahlen, Öltemperaturen und Ausrichtung der Gondeln. Die Daten werden über ein CMS (Condition Monitoring System) überwacht und ausgewertet, so dass frühzeitig ungewöhnliche Werte erkannt und Maßnahmen ergriffen werden können. Die Betriebsführer koordinieren und überwachen die Einsätze der Serviceteams im Windpark und stehen diesen zu jeder Zeit als Ansprechpartner an Land zur Verfügung. Über eine steuerbare und mehrere fixe Webcams sowie über ein im Windpark installiertes Radar verfolgen die Betriebsführer auch die Helikopterflüge und Schiffsbewegungen im Windpark.

Offshore: Wartung

Die planmäßigen Jahreswartungen der Anlagen erfolgen im Frühjahr und Sommer, wenn die Wetterbedingungen die Anfahrt mit dem Wartungsschiff WIND FORCE 1 erlauben.

Der Arbeitstag eines Offshore-Servicetechnikers beginnt am frühen Morgen, meist gegen 6 Uhr, im Hafen von Norddeich. Nach dem Beladen der WIND FORCE 1 mit allen für den Wartungseinsatz erforderlichen Werkzeugen und sonstigen Materialien und dem Einchecken des Wartungsteams an Bord nimmt das Schiff seine circa zweistündige Fahrt zu alpha ventus auf. Der gesamte Arbeitstag kann im Sommer rund zwölf Stunden dauern, hängt aber trotzdem immer sehr stark von den Tidenverhältnissen ab: Wenn WIND FORCE 1-Kapitän Detlev Albrecht den Zeitpunkt der Abfahrt von dem Windpark verpasst hat, »darf« er bis zur nächsten Tide (Hochwasser) auf See bleiben. Die Zufahrt nach Norddeich zwischen Norderney und Juist ist extrem schwierig und stellenweise sehr flach.

An Bord haben jeweils mehrere Serviceteams bzw. maximal 25 Personen Platz. Benötigte Ersatzteile und Werkzeug werden in Containern oder großen Sackkörben, den »Big Bags«, transportiert; diese können vom Achterdeck des Servicebootes direkt mit den Kränen, die auf der Serviceplattform jeder Windenergieanlage angebracht sind, direkt nach oben auf die Windenergieanlage verladen wer-

den. Der direkte Überstieg vom Boot auf die Windenergieanlagen ist nur ohne Gepäck möglich. Aus Sicherheitsgründen arbeiten immer mindestens drei Monteure gemeinsam auf einer Windenergieanlage. Die Wartungsarbeiten pro Windenergieanlage betragen gegenwärtig pro Anlage bis zu 450 Wartungsstunden im Jahr. Dies stellt einen enormen Kostenfaktor dar, den es signifikant zu verringern gilt. Zu den Arbeiten zählen Korrosionsschutzmaßnahmen, die Überprüfung von Sicherheitseinrichtungen, der Austausch defekter Komponenten und das Auffüllen von Betriebsstoffen wie Schmiermittel oder Kühlflüssigkeiten. Der Umfang und die Frequenz der Wartungsarbeiten werden durch die Hersteller REpower und AREVA Wind der beiden Windenergieanlagentypen bestimmt.

Offshore-Katamaran WIND FORCE 1 läuft auf zwei Rümpfen

Die Wartungskonzepte sind wiederum zertifiziert und gehen als Grundlage mit in die behördlich vorgeschriebenen wiederkehrenden Prüfungen ein.

Zu den ungewöhnlichsten Arbeitsplätzen an einer Windenergieanlage zählen die Rotoren und die Fundamente. Die Flügelspitzen schneiden bei Volllast mit bis zu 320 km/h durch die Luft. Sie zählen zu den am meisten belasteten Bauteilen der WEA und müssen daher regelmäßig kontrolliert werden. Sie sind das Einsatzgebiet der Industriekletterer, die sich wie Bergsteiger von der Gondel der Windenergieanlage abseilen, um die Flügel zu inspizieren und zu warten. Zur Überprüfung der Fundamente finden regelmäßig Tauchereinsätze statt. Diese werden durch Berufstaucher von speziellen Taucherbasisschiffen aus durchgeführt.

Leicht, schnell, wendig und stabil: Derart ausgestattet, arbeitet der Katamaran im Pendelverkehr zwischen dem Festland, Heimathafen Norddeich, und dem Windpark-Projekt alpha ventus auf der Nordsee. Der Windpark alpha ventus, rund 45 km vor Borkum, ist ein Pilotprojekt der Energieversorger EWE, Vattenfall und E.ON. Bereits nach rund einem Jahr Betrieb erweist sich der Windpark alpha ventus als äußerst erfolgreich: Es wurde erheblich mehr Strom an Land geliefert als geplant.

Die 22 m lange und 8,30 m breite WIND FORCE 1 weist einen Tiefgang von 1,85 m auf. Die beiden installierten Caterpillar-C32-Dieselmotoren leisten je 820 kW bei 2.100/min. Über je ein ZF-3000-Getriebe wird die Antriebsleistung auf die beiden fünfflügeligen Propeller, Durchmesser 1,05 m, übertragen. Damit erreicht das Schiff bei voller Beladung eine Geschwindigkeit von bis zu 25 kn. Ein Bugstrahler erleichtert das punktgenaue Manövrieren über das am Bug des Schiffes angebrachte Boarding-System, über das der Überstieg des Servicepersonals vereinfacht wird. Das Schiff verfügt darüber hinaus über Sitzmöglichkeiten in den Decksaufbauten für bis zu 25 Personen und bietet auf dem Ladedeck Stellplatz für einen 20-Fuß-Container (beziehungsweise 2 x 10 Fuß). Der eigene Bordkran kann Ladungen von bis zu 2,5 t bewältigen. Außerdem befindet sich an der Steuerbordseite auf dem Ladedeck eine Rettungseinrichtung zur Rettung von Verletzten in Form eines »Rescue Star«-Auslegekrans. Den notwendigen Bordstrom erzeugen zwei Caterpillar-Motoren vom Typ C4.4 DITA, die mit Generatoren von LeroySomer gekoppelt sind. Ihre elektrische Leistung beträgt jeweils 86 kVA bei 1.500/min.

Das Einmann-Steuerhaus beinhaltet alle vorgeschriebenen nautischen Geräte für den Einsatz über See.

Schiffsinformation
Offshore-Katamaran WIND FORCE 1

Eigner: AG Reederei Norden-Frisia; Heimathafen: Norddeich; Bauwerft: Schiffswerft Diedrich GmbH, Oldersum; Baujahr: 2009; Abmessungen: Länge: 22,0 m, Breite: 8,30 m, Tiefgang: max. 1,92 m; Antrieb: Dieselmechanisch, 2 x Caterpillar-Dieselmotoren Typ C32; Leistung: 2 x 820 kW; 2 x Festpropeller; 1 x Bugstrahler zum punktgenauen Anlegen an den Fundamentfüßen; Klassifizierung: Germanischer Lloyd GL+ 100 A5 II HSDE OC3 Special Purpose Ship

Gesichertes Arbeiten in luftiger Höhe: Die Servicetechniker müssen schwindelfrei sein

Der antriebslose Kabelleger mit einem Assistenzschlepper

Seekabelverlegung
mit Schlepperunterstützung

NOSTAG 10 bringt Energie von See an Land

Im Frühjahr 2009 wurde die erste Anbindung eines Offshore-Windparks fertig gestellt. Über eine 110 Kilovolt-Drehstromverbindung wurde der Windpark alpha ventus an das Stromnetz an Land angeschlossen. Der Windpark liegt rund 45 km nördlich von Borkum. Die Trasse vom Windpark auf See bis zum Einspeisepunkt im Umspannwerk ist rund 70 km lang. Der Windpark mit seinen zwölf Anlagen ist seit April 2010 in Betrieb und liefert sehr erfolgreich alternativen Strom aus der Nordsee.

Anschluss durch »Steckdosen« auf See

Um die geplanten, weiter entfernt liegenden Windparks möglichst umweltschonend und effizient ans Netz anzuschließen, sind bei den in der Nordsee gegebenen Entfernungen und für große Übertragungsleistungen Gleichstromübertragungssysteme die bevorzugte Lösung. Auf einer Offshore-Plattform wird ein Umspannwerk gebaut. Dort wird der in den Windkraftanlagen produzierte Strom in Gleichstrom umgewandelt und anschließend über eine sogenannte Hochspannungs-Gleichstrom-Übertragungsleitung (HGÜ) durchs Meer und über Land zum nächstgelegenen Einspeisepunkt in einem Umspannwerk an Land transportiert. Hier wird der Gleich-

strom wieder in Drehstrom gewandelt und dann ins Netz eingespeist.

Doch um diese armdicken Kabel zu verlegen, werden Spezialschiffe benötigt. Die waren anfänglich nicht vorhanden – also mussten sie geplant, konstruiert und gebaut werden.

Die Norddeutschen Seekabelwerke, NSW (Nordenham), haben eine der ersten Kabellege-Barges zusammen mit zwei Partnern realisiert: der Firma Tagu, einem Tiefbauunternehmen mit Nordenhamer Wurzeln, und mit der Schleppreederei Hans Schramm & Sohn aus Brunsbüttel. NOSTAG 10 ist der Name der Barge und auch der Gesellschaft, die sie betreibt. NOSTAG ist ein Kunstname, zusammengesetzt aus den Buchstaben NO für Norddeutsche Seekabelwerke, S für Schramm und TAG für Tagu. Für die Bereederung ist die Schleppschifffahrt-Gesellschaft

Kapitän Mike erklärt ein Seekabel

Ein Kabel wird
verlegt

Hans Schramm & Sohn aus Brunsbüttel zuständig.

Auf der Werft Taizhou Sanfu Ship in China wurde der Schwimmkörper der NOSTAG 10 errichtet. Die Ausrüstung als Kabelleger erfolgte in Bremerhaven. In dem Wohnaufbau befinden sich Unterkünfte für 40 Personen.

Die NOSTAG 10 verlegt Kabel in Offshore-Windparks in der Nordsee. Als Barge deklariert, ist sie eigentlich kein richtiges Schiff, weil sie keinen eigenen Antrieb hat. Sie wird von Schleppern gezogen. Vom einfachen Transportponton zur speziellen Kabellege-Barge wurde die NOSTAG 10 in einer Bremerhavener Werft umgebaut. Der Ponton ist 100,50 m lang und 27,50 m breit. Von der antriebslosen Barge können die Kabel bis in 40 m Wassertiefe verlegt werden. Dabei werden die Kabel etwa 1,5 m in den Meeresboden eingespült, um vor Beschädigungen durch Fischereinetze oder Schiffsanker möglichst sicher zu sein. Dafür wird der Boden mit einem Spülschwert so aufgelockert, dass

das Kabel durch sein Eigengewicht in den Boden sinkt.

Der Kabelleger hat zum Beispiel vor drei Jahren die Insel Helgoland ans deutsche Stromnetz angeschlossen. Pünktlich zum Vorstellungstermin der Barge begann NSW mit der Ladung des 53 km langen 30-kV-Mittelspannungskabels für Helgoland. Das Unternehmen hat das Kabel in einem Stück hergestellt. Während das Kabel über die hauseigene Pier auf die Barge gelenkt und akkurat Meter um Meter in den dafür vorgesehenen Kabeltank gelegt wurde, waren an Bord noch die Handwerker tätig, um letzte Arbeiten zu erledigen. Fünf Tage dauerte es, bis das über 1.000 t schwere Kabel geladen ist (maximal kann die Barge 3.500 t laden). Dann wurde die Barge von Schleppern nach Sankt Peter-Ording geschleppt. Dort begann der Ernstfall: die Verlegung des Helgoland-Kabels. 30 Tage waren dafür vorgesehen. Die 40-köpfige Besatzung, bestehend aus Kabelspezialisten, Nautikern und Hilfspersonal, hat ihre Unter-

Hier werden die armdicken und tonnenschweren Seekabel an Deck gelagert

künfte in geräumigen Doppel- und Einzelkabinen, die alle mit eigenen Nasszellen sowie Internetanschluss ausgerüstet sind. Büros, Messe, Kombüse und Aufenthaltsräume machen die Freischicht angenehm.

Der Seeponton wurde so gebaut, dass er als Cargo- oder Accommodation Barge, als Plattform für die Verlegung von Seekabeln oder für die Nutzung im Wasserbaubereich eingesetzt werden kann. Für das Verholen ist ein Mooringsystem über sechs Winden mit Constant Tension vorhanden. Weiterhin wird ein Ankerpfahl im Pfahlkoker gefahren. Vier Dieselgeneratoren versorgen die Barge mit dem notwendigen elektrischen Strom, zum Beispiel zum Betreiben der Mooring-Winden und den allgemeinen Bordstrombedarf.

Doch allein fortbewegen kann sich die Barge nur begrenzt: bis zu sechs Anker werden mit eigenen, rund 1.000 m langen Stahltrossen ausgelegt. Daran »zieht« sich die NOSTAG 10 über den Meeresboden. Doch dann ist Schluss mit dem Verholen und der Assistenzschlepper TORSTEN hilft weiter.

Blick auf das Arbeitsdeck der NOSTAG 10

TORSTEN ist ein vielseitiges und kraftvolles Assistenzschiff

TORSTEN unterstützt NOSTAG 10

Schramm Group entwickelte innovativen Mehrzweckschlepper für den Offshore-Einsatz

Die in Brunsbüttel beheimatete Schramm Group ist eines der wenigen Unternehmen, für das die Entwicklung und Anwendung neuer Logistikkonzepte für den Offshore-Bereich nicht nur Steuerung, Transport und Umschlag umfasst, sondern bis in die Konstruktion und den Bau innovativer Spezialfahrzeuge für den Offshore-Einsatz reicht.

Die Schramm Group ist ein strategischer Verbund aus spezialisierten Einzelunternehmen, die gemeinsam alle wichtigen Facetten der maritimen Wirtschaft abdecken. Der Name Schramm steht für bodenständige, inhabergeführte Unternehmen mit langjähriger Erfahrung und gewachsenen Kundenbeziehungen. Mit der Tochter Brunsbüttel Ports GmbH, die mit leistungsfähigen Anlagen für Handling und Umschlag von Gütern aller Art

ausgestattet ist, verfügt die Schramm Group zudem über Europas einzigen privaten Hafen. Dieser liegt direkt an der Elbe auf Höhe des Nord-Ostsee-Kanals und ist damit zentraler Logistik-Schnittpunkt der gesamten Nord- und Ostsee-Wirtschaft. Mit rund 6.500 umgesetzten Windenergie-Komponenten, unter anderem für die 5/6 Megawatt-Klasse, verfügt das Unternehmen zudem über große Expertise auf dem Gebiet der Verladung und Verschiffung.

In Istanbul wurde der für den Offshore Einsatz vom Ingenieurbüro NavConsult AWSS GmbH & Co. KG entwickelte »NavTug® FlatTop« auf der SANMAR-Werft auf den Namen TORSTEN getauft.

Das Planungs-, Beratungs- und Ingenieurbüro NavConsult bietet seit der Gründung 2006 mit Standort in Brunsbüttel hochspezialisierte, individuelle Beratungsleistungen im maritimen Bereich. Der neueste Entwurf des Unternehmens ist der Mehrzweckschlepper

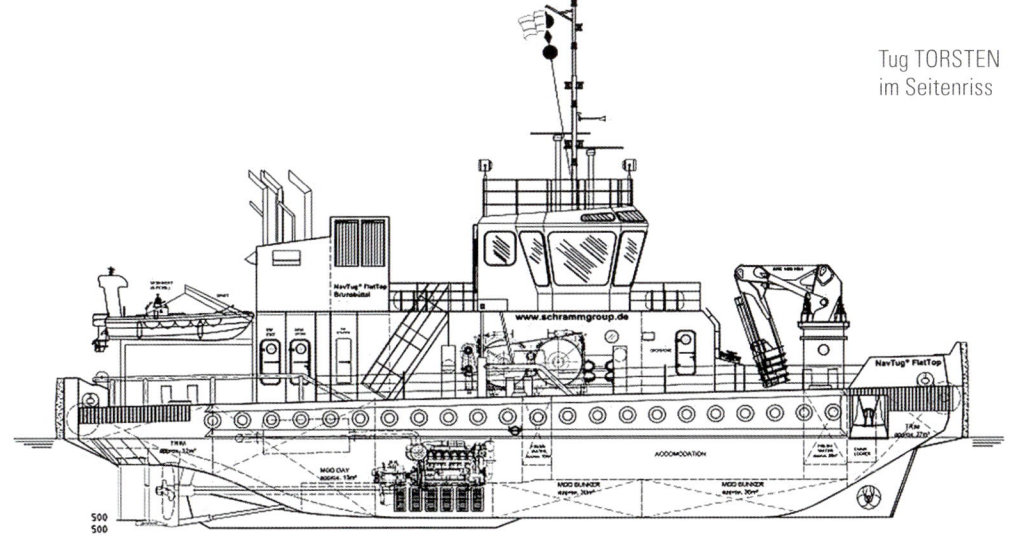

Tug TORSTEN im Seitenriss

Decksmann bereit
zum Festmachen

TORSTEN, der in der Türkei in der neuen SANMAR-Werft fertiggestellt wurde. Der Auftrag für diese Neuentwicklung wurde Ende des Jahres 2010 erteilt, im Februar 2012 folgte die pünktliche Fertigstellung.

Hans Helmut Schramm, Geschäftsführer der SCHRAMM group, ist stolz auf die Neuentwicklung aus seinem Hause und unterstrich bei seiner Taufrede, wie angenehm und erfolgreich die Arbeit mit der SANMAR-Werft ist. »Aus einer geschäftlichen Partnerschaft ist mittlerweile auch eine Freundschaft geworden. Die gute Zusammenarbeit spiegelt sich in dem Ergebnis deutlich wider: Das Team von NavConsult hat ein tolles Schiff entwickelt, und die SANMAR-Werft hat diese Pläne exakt umgesetzt. Die TORSTEN übertrifft unsere Erwartungen absolut und es ist sehr beeindruckend, den Schlepper nun endlich in seinen kompletten Ausmaßen sehen zu können.« Darauf, dass der Neubau möglichst einzigartig ist, hat das Brunsbütteler Unternehmen großen Wert gelegt. Unter 80 weltweit vergleichbaren Schiffen gilt TORSTEN als Unikat.

Auch der Namensgeber des Schleppers, Torsten Andritter-Witt, Geschäftsführer der Hans Schramm & Sohn Schleppschifffahrt, bestätigte in seiner Rede die sehr hohe Qualität in der Ausführung aller Arbeiten bis ins kleinste Detail. Er war sehr stolz, seinen Namen für dieses Schiff geben zu dürfen, zumal seine Tochter Ninja Andritter-Witt die Taufpatin sein durfte.

Die TORSTEN ist ein vielseitiges und kraftvolles Assistenzschiff, das in sehr enger Abstimmung mit der Seeberufsgenossenschaft-Verkehr (Schiffssicherheitsabteilung) und der Klassifikationsgesellschaft Germanischer Lloyd entwickelt wurde. Der Vorstandsvorsitzende des Germanischen Lloyd, Erik van der Noordaa, nahm persönlich an der Taufzeremonie teil und attestierte dem Neubau eine hohe Qualität: »Dieser Schlepper entspricht den hohen Anforderungen der GL-Bauvorschriften und ich freue mich sehr, dass der GL als Klassifizierungsgesellschaft von den Eigentümern ausgewählt wurde und hier in der Türkei den Bau überwachen und die Klassifizierung des Neubau

Blick in den geräumigen und schallisolierten Maschinenraum

vornehmen durfte. Die Kooperation zwischen SCHRAMM, SANMAR und dem GL war ausgezeichnet.«

Der Schlepper kann auf Grund des sehr geringen Tiefganges, maximal 3 m, sowohl küstennah als auch Offshore für diverse Assistenzarbeiten in Wasserbaustellen und Windparks, als Ankerzieher oder als Kabelleger-Begleitschiff eingesetzt werden.

Doch was sind Ankerzieher, oder auch Ankerziehschlepper genannt? Umgangssprachlich werden sie auch Ankerleger genannt. Im englischen Sprachgebrauch werden sie als Anchor Handling Tug, AHT, bezeichnet. Sie stellen eine besondere Form von Schleppern dar. Diese Spezialisten werden bei der Assistenz von Bohrinseln, großen Rohrlegern beziehungsweise Seekabellegern und anderen großen Offshore-Einheiten verwendet, die beispielsweise über keinen eigenen Antrieb verfügen. Der Name stammt vom »Ankerziehen«, der Ankerverlegung, die hohe Ansprüche an die Besatzung der Spezialschlepper stellt. Da sich, zum Beispiel, die Kabellege-Barge NOSTAG 10 an ihren eige-

nen Ankern vorwärtszieht, haben die Anker sich sehr fest und tief in den Meeresgrund eingegraben. Sie müssen daher von dem leistungsstarken Ankerziehschlepper »herausgebrochen« werden, damit die Anker in die Arbeitsrichtung des Kabellegers verbracht und dort neu ausgelegt werden können. Im Fall des Neubaus TORSTEN verfügt dieser auch über Transportkapazitäten, um Material in begrenztem Umfang für die NOSTAG 10 anzuliefern.

Der Spezialschlepper erfüllt alle nationalen und internationalen Flaggenstaatsregularien zum 24-Stunden-Betrieb, hier speziell die Kammergrößen und Geräuschemissionen in den Unterkünften (< 60 dB), sowie ein voll automatisierter Maschinenbetrieb (AUT 24). Bei einer Länge von 31,5 m und einer Breite von 12 m wurde ein Pfahlzug von rund 50 t ermittelt. Das Schiff verfügt über ein großes, freies Arbeitsdeck mit einem leistungsfähigen Deckskran, der auch 10 t schwere Anker an Bord hieven kann, sowie einer Doppeltrommel-Schlepp- und Ankerziehwinde. Am Vor- und Achterschiff sorgen eigens dafür entwickelte Rollen, dass die armdicken Schleppkabel nicht unnötig belastet werden.

Im Unterkunftsbereich wurde auf hochwertige Materialien und auf Komfort geachtet, um der Besatzung eine angenehme Zeit an Bord zu ermöglichen. Hierzu gehört zum Beispiel eine Lounge mit Sitzecke und TV im Bereich der Unterkunftsräume. Alle Kammern haben die Möglichkeit, über ein internes LAN & PA-System miteinander zu kommunizieren beziehungsweise das Internet zu nutzen. Jede Kabine ist zudem mit eigenem Sanitärbereich ausgestattet. Oberlichter lassen Tageslicht in die fünf Kabinen. Eine aufwendige Konstruktion. »Aber«, sagt Tors-

ten Andritter-Witt, »nichts ist schlimmer, als wenn sich die Leute an Bord nicht wohlfühlen.« Es gibt einen großen Wohnbereich für die Schicht, die gerade frei hat, dazu Küche, Waschmaschinen und Vorratsräume. Andritter-Witt: »Die Einrichtung ist wie bei einem Wohnhaus.« Ohne Unterbrechung könne der Schlepper locker vier Wochen auf See bleiben.

Der Maschinen- und Hilfsmaschinenbereich ist weitestgehend redundant ausgelegt, so dass Ausfallzeiten gering gehalten werden können, zum Beispiel doppelte Hydraulik für Bugstrahlruder, doppelte Hydraulik für Kran/Winden, drei Hilfsdiesel, etc. Für den Antrieb sorgen zwei Caterpillar-Hauptmotoren des Typs Cat 3512B HD, die bei ihrer Nenndrehzahl von 1600/min je 1.425 kW leisten. Darüber hinaus verfügt TORSTEN, der eine Geschwindigkeit von bis zu 12 kn erreicht, über zwei 250 kW leistende MAN-Hilfsdiesel. Der Kapitän hat einen hellen Arbeitsplatz auf der Brücke. Wo Aufbauten die Sicht behindern, sorgen Kameras für Überblick. Auch im Maschinenraum sind Kameras installiert.

Nach der Taufe folgten noch diverse Testfahrten, bevor der neue Schlepper im März nach Deutschland überführt wurde.

Während der Überführungsfahrt hat der Neubau seine seegängigen Fähigkeiten und Eigenschaften eindrucksvoll unter Beweis gestellt. Raue See mit meterhohen Wellen während der Passage durch die Biscaya meisterte TORSTEN mit Bravour. Spuren der stürmischen Überfahrt waren noch nach seiner Ankunft in Brunsbüttel an den Aufbauten zu sehen. Kapitän und Besatzung sind zufrieden: »Der Schlepper hat sich bewährt.«

Das Brunsbütteler Unternehmen hat den neuen Schlepper bereits in seine Flotte integriert. In Deutschland angekommen, ging der Spezialschlepper als Begleitschiff für den Kabelleger NOSTAG 10 in den ersten längerfristigen Einsatz.

Schiffsinformation
Kabelleger NOSTAG 10

Eigner: Nostag GmbH; Betreiber: Schramm group; Bauwerft: Taizhou Sanfu Ship Engineering Co. Ltd. in Kouan Taizhou City, Provinz Jiangsu in China; Baujahr: 2008; Abmessungen: Länge: 100,5 m, Breite: 27,50 m, Tiefgang: 3,8 m; Stromerzeuger: 2 x 1000 kVA, 1 x 410 kVA 400 V, 50 Hz, 1 x Notstromaggregat; Mooring-Ausrüstung: 6 Delta-Flipper-Anker; 6 Ankerwinden, 6 x 1000 m Stahldraht; Klassifikation: G+ A 5 Barge – GL A-MC. Der Seeponton wird als »Sea Barge with Accommodation, non self propelled« klassifiziert und von der Seeberufsgenossenschaft als Sonderfahrzeug eingestuft

Schiffsinformation
Spezialschlepper TORSTEN

Eigner: Hans Schramm & Sohn Schleppschifffahrt GmbH & Co. KG, Brunsbüttel; Bauwerft: SANMAR-Werft, Türkei; Baujahr: 2011/2012; Abmessungen: Länge: 31,5 m, Breite: 12 m, Tiefgang: 2,8 m; Antrieb: Dieselmechanisch, 2 x Caterpillar Typ 3512B; Leistung: 2 x 1.425 kW; Bordaggregate: 2 MAN 110 kWe + 2 x 120 kW hydr., Hafendiesel: 1 x 40 kW; 2 Festpropeller; 1 Bugstrahlruder 200 kW; 1 hydr. Ruderanlage mit 4 Ruderblättern; Klassifikation: GL+100 A5 E RSA(200) IW AH TUG + MC AUT

TORSTEN läuft zur Unterstützung der NOSTAG 10 aus

Inselversorger FRISIA VIII

Inselversorger FRISIA VIII fährt mit Blauem Engel

Reederei Norden-Frisia schützt Weltnaturerbe Wattenmeer

Die Betriebsergebnisse nach rund zwei Jahren Inselversorgung mit dem im Oktober 2010 in Betrieb gesetzten Inselversorger MS FRISIA VIII können sich sehen lassen: Stark reduzierte Abgasemissionswerte, niedrige Kraftstoffverbräuche und umweltfreundlicher Schiffsbetrieb führten zur Vergabe des Umweltzeichens Blauer Engel.

Das Schiff wurde nach einer sehr kurzen Bauzeit in nur drei Monaten von der Hamburger Traditionswerft Sietas, Neuenfelde, fertiggestellt. Mit dem Neubau hat die Reederei Norden-Frisia auf den seit Jahren stetig wachsenden Bedarf für Transportkapazitäten im Inselversorgungsverkehr, aber auch für Projektladungen im Bereich der ostfriesischen Küste reagiert. Fred Meyer, Reedereisprecher, macht die Bedeutung des Versorgerschiffs deutlich: »Zur Insel Juist haben wir jährlich einen Frachtbedarf von 23.000 t, nach Norderney liefern wir rund 350.000 t mit Lastwagen.«

Um für den Umschlag von schweren Straßenfahrzeugen oder anderen rollenden Lasten flexibel einsetzbar zu sein, verfügt die FRISIA VIII über hydraulisch zu aktivierende Bug- und Heckklappen. Rund 20 m lange, sogenannte Ankerpfähle vorn und achtern machen das Schiff unabhängig von Vorrichtungen an Land, sich positionieren zu können. Diese Ankerpfähle werden hydraulisch in den Meeresgrund ausgefahren.

Bei der Wahl der Antriebsanlage hat sich das Unternehmen auf die bereits auf anderen Reedereischiffen gemachten guten Erfahrungen mit Motoren von VolvoPenta konzentriert. Angetrieben wird das 58,50 m lange, 11,00 m breite und beladen 1,60 m tiefgehende Schiff von zwei Reihen-Sechszylinder-Dieselmotoren vom Typ D16MH, die ihre Leistung von je 368 kW bei 1.800/min über Twin-Disc-Getriebe an die beiden freischlagenden Festpropeller, in Tunneln laufend, abgeben. Mit diesen Abmessungen erreicht die FRISIA VIII eine Tragfähigkeit von etwa 330 t. Ein Dreikanal-Bugstrahler, Typ Veth-Jet, von dem niederländischen Spezialisten für Manövriereinrichtungen, VETH Propulsion, unterstützt die Schiffsführung in den engen Fahrwassern und Häfen. Der Bugstrahler wird dieselmechanisch angetrieben. Der relativ hohe elektrische Bedarf auf dem Versorger

FRISIA VIII ist das erste Schiff an der Nordseeküste, das den Blauen Umweltengel erhalten hat

Kapitän Gerjet Gerjets informiert die Hafenverwaltung

Oben:
Übergabe des
Blauen Engels für
umweltfreundliche
Schifffahrt

Unten:
Alles muss per
Schiff auf die Ost-
friesischen Inseln
gebracht werden –
sogar die Blumen

von der in Ramsloh, Saterland, ansässigen Firma Kurre-Kutec GmbH projektiert und eingebaut. Stefan Plaggenborg, Geschäftsführer in der Firmengruppe Kurre: »Wir sind mit unseren Partikelfiltern seit vielen Jahren in der Nachrüstung für NFZ aller Marken tätig und haben sehr gute Erfahrungen mit diesem System, aber eine Schiffsanwendung, bestehend aus Partikelfilter und nachgeschaltetem SCR-Katalysator mit Harnstoff-Einspritzung und kompletter elektronischer Steuerung, war für uns Neuland.

Heute, nach über zwei Jahren zuverlässigem und störungsfreiem Betrieb, können wir sagen, dass alle Erwartungen seitens der Reederei vollständig erfüllt wurden.« Der Wirkungsgrad des Partikelfilters liegt bei 99 % und die Konvertierung der NOx-Emissionen durch den SCR-Katalysator bei 90 %. Regelmäßig werden die Betriebsergebnisse durch Kurre ausgelesen und bei Abweichungen der Regelwerte nachjustiert. Voraussetzung für den Einsatz einer solchen Anlage ist die Verwendung von schwefelfreiem Kraftstoff, EN590, wie er auch auf den übrigen Frisia-Schiffen zum Einsatz kommt (max. 10 ppm (0,001%) Schwefelgehalt). Der Harnstoffverbrauch, handelsübliches AdBlue, liegt nach Herstellerangaben bei 4 % vom Kraftstoffverbrauch.

Maschinist Ralf Eilers, seit 1995 tätig bei der Reederei, ist von der Zuverlässigkeit der VolvoPenta-Motoren sehr angetan: »Bis heute haben die Motoren jeweils rund 1.600 Stunden ›auf dem Buckel‹. Eine Störung habe ich bisher nicht vermerkt, keine Undichtigkeit oder Leckage, alles läuft prima.«

Ein entscheidender Faktor bei allen Reederei-Aktivitäten ist neben der Technik der Mensch. Auch hier ist Frisia gut aufgestellt. Die erfahrenen Besatzungen kennen ihre Schiffe bis ins letzte Detail;

wird durch zwei Elektro-Aggregate von VolvoPenta sichergestellt. Die beiden Antriebsmotoren bestehen aus Reihen-Vierzylinder-Dieselmotoren vom Typ D5A-T, leisten jeweils 77 kW bei 1.500/min. Lieferung/Installation der Dieselmotoren sowie Motorsteuerung und -überwachung erfolgten durch den langjährigen VolvoPenta-Service-Partner Petzelberger Motoren Center aus Aurich.

Erfüllen die Haupt- und Hilfsmotoren von Haus aus bereits die aktuellen Abgasgesetzgebungen, so war das für die Reederei nicht genug: Eine spezielle Abgasnachbehandlungsanlage (ANB) wurde

Die Beladung
beginnt

sie wissen genau, welche Anforderungen Wind- und Wetterverhältnisse, Strömung, Tide oder der gesamte Schiffsverkehr im Nationalpark Wattenmeer stellen können.

Kapitän des Inselversorgers FRISIA VIII, Gerjet Gerjets (58): »Das Fahrtgebiet zwischen Norddeich, Norderney und Juist hat es in sich: Die Fahrrinne ist teilweise sehr eng und außerdem, je nach Tide, sehr flach. Das bedeutet für uns erhöhte Aufmerksamkeit.«

Neben der Schiffssicherheit wird auch das Thema Umweltschutz großgeschrieben: Beispielsweise sind alle Schiffe mit einem umweltverträglichen Unterwasseranstrich versehen, alle Abwässer und Abfälle werden an Bord gesammelt und täglich an Land fachgerecht entsorgt.

Erstmalig bei dem Unternehmen wurde ein kathodischer Korrosionsschutz (KKS) am Rumpf des Schiffes angebracht. Der Korrosionsschutz durch Fremdstrom ist ein Verfahren, das die Ionenwanderung durch einen von außen aufgezwun-

genen Strom unterbindet. Hierzu wird ein Schutzstrom, max. 920 mV, durch das Rumpfmetall geleitet. Die Ionenwanderung vom Metall hin zum Elektrolyt, dem Wasser, durch die der Materialabtrag erfolgt, wird gestoppt. Eine Korrosion ist nicht mehr möglich.

Schiffsinformation
Inselversorger RoRo-Fähre FRISIA VIII

Eigner/Auftraggeber: Aktiengesellschaft Reederei Norden-Frisia; Bauwerft: J. J. Sietas, Hamburg; Baujahr: 2010; Verdrängung: 581 BRZ; Abmessungen: Länge: 58,50 m, Breite: 11 m, Tiefgang: max. 1,60 m; Antrieb: 2 x Volvo-Dieselmotoren Typ VolvoPenta D16; Leistung: 2 x 368 kW; 2 x Festpropeller; Geschwindigkeit (max.): 8,5 kn; Bugstrahler: Veth-Jet mit Scania-Motor DI16 42M; Leistung: 386 kW; Klassifizierung: Germanischer Lloyd

Beidseitiges Be- und Entladen spart Zeit

Mit der Doppelendfähre UTHLANDE auf die grüne Insel

Fährschiff-Oscar ShipPax Award und Blauer Engel für umweltschonendes und innovatives Schiffsdesign

Insgesamt 38 eigene Schiffe hat die Wyker Dampfschiffs-Reederei in ihrer 125-jährigen Geschichte bereedert. An einer weiteren Einheit war sie beteiligt. Im Juni 2010 kam als 40. Schiff das neue Fährschiff M/S UTH-LANDE hinzu. Mit der neuen UTHLANDE hält auch ein neues Antriebssystem Einzug bei der W.D.R. das den Schiffsbetrieb noch effizienter macht. Anstatt des bisherigen konventionellen Propellerantriebs verfügt der Neubau über vier Dieselmotoren sowie vier Voith-Schneider-Antriebe.

Eine Innovation stellt die UTHLANDE auch hinsichtlich ihrer Bauform dar. Zum ersten Mal in der Geschichte der W.D.R. kommt mit ihr ein Doppelendfährschiff zum Einsatz, das in beide Richtungen fahren kann und somit in den Häfen nicht mehr wenden muss.

Nach einer Bauzeit von nur 35 Wochen wurde die UTHLANDE am 11. Juni im Hafen von Wyk im Beisein von zahlreichen Gästen durch Sonja Barnert, Ehefrau des Aufsichtsratsvorsitzenden der W.D.R., Uwe-Jens Barnert, getauft. Die Taufe der Fähre, die auf der Dagebüll-Föhr-Amrum-Linie den ebenfalls UTHLANDE heißenden Vorgänger ablöst, wurde zusammen mit den Feierlichkeiten zum 125-jährigen Firmenjubiläum der Wyker Dampfschiffs-Reederei begangen. Die bisherige UTHLANDE wurde nach Reedereiangaben ausgemustert.

Auf nahezu 76 m Gesamtlänge und 16,40 m Breite kann die UTHLANDE 75 PKW und bis 1.200 Personen befördern. Dem Fährbetrieb beschert sie eine Kapazitätserweiterung von insgesamt 50 %. In saisonbedingten Stoßzeiten sind die Fahrgäste, die mit dem Auto nach Föhr oder Amrum übersetzen möchten, die Nutznießer: Die Wartezeiten verringern sich erheblich, wenn mit der UTHLANDE ein besonders ladestarkes Schiff im Einsatz ist.

Beim Bau des Schiffes wurde, neben einer hohen Tragfähigkeit bei einem möglichst geringen Tiefgang, strikt auf Einsparung beim Kraftstoffverbrauch geachtet. Die zu diesem Zweck im Strömungskanal der Schiffbautechnischen Versuchsanstalt in Wien durchgeführten Schleppversuche mit einem Modell haben der UTHLANDE eine vergrößerte Auftriebsfläche (Kasko = Schiffskörper) eingebracht. Der Effekt: geringerer Tiefgang, mehr Zuladung, stark verrin-

Kapitän Frank Kruse fährt das Schiff konzentriert und gekonnt

gerte Strömungswiderstände und damit verbunden eine effizientere Antriebsleistung.

Erstmals kamen hier vier Achtzylinder-
Dieselmotoren des bekannten Caterpillar-
Arbeitsschiffmotors der Baureihe 3508 DITA
zum Einsatz. Jeder der Motoren leistet in dieser Ausführung 578 kW bei 1.200/min.

Das Antriebskonzept sieht neben je
zwei Motoren an jedem Ende der Fähre
zwei Gelenkwellen vor, die über je ein Ku-
mera-Getriebe den Antrieb der vier Voith-
Schneider-Propeller einleiten. Die Wyker
Dampfschiffs-Reederei hat sich für diese
»Propellertechnik« entschieden, da es das
Fahrtgebiet »in sich« hat: Das Nordfriesische
Wattenmeer mit seinen häufig wechselnden
Wasserständen (Tide) verlangt besondere Auf-
merksamkeit.

Mit dem VSP-Antrieb können Fahrtschub
und Steuerkräfte in jeder Richtung stufenlos von null bis zum Maximalwert ohne Wir-
kungsgradeinbußen erzeugt werden. Das
Schiff kann also »auf dem Teller« drehen und
hat zudem keine bevorzugte Fahrtrichtung.
Die schräg angeordneten Propeller der VSP

16R5EC auf der UTHLANDE haben fünf Flügel
mit einem Kreisdurchmesser von 1,60 m. Mit
dieser VSP-Anordnung ragen die Flügelspitzen nicht unter den Kiel hinaus. Falls es doch
mal »schiefgehen« sollte, kann die Fähre auf
dem Wattboden trockenfallen und die Propeller werden nicht beschädigt.

Den Bordstrombedarf decken zwei
Caterpillar-Aggregate ab, die jeweils ihre
Motorleistung von 215 kW über einen
Sechszylinder-C9-Reihenmotor an die SAM-
Electronics-Generatoren abgeben. Ein zusätzliches Notstrom-Dieselaggregat mit
einem MAN-Motor vom Typ D2866 LXE20
leistet 190 kW bei 1.500/min. Obwohl mit
schwefelfreiem Dieselkraftstoff gefahren
wird, besitzt die UTHLANDE eine Separa-
torenanlage im Hauptmaschinenraum. Ein
Separator sorgt kontinuierlich für absolut
sauberen Kraftstoff für die Dieselmotoren.
Dieselkraftstoffe unterschiedlicher Qualität
können störende Beimengungen enthalten,
die, falls der Kraftstoff nicht sorgfältig gerei-
nigt wird, zu schweren Störungen im emp-
findlichen Einspritzsystem führen können.

Auf der geräumigen Brücke ist Kapitän Frank Kruse anzutreffen, der seit rund 20 Jahren der W.D.R. die Treue hält. Mit seinem Steuermann führt er das Schiff im Linienverkehr zwischen Dagebüll-Wyk und Amrum. Kruse: »Der neue VSP-Antrieb ist schon eine tolle Sache. Das Schiff lässt sich auch bei stärkerem Wind sicher und schnell an die Pier bringen. Wir müssen bei Fahrtrichtungswechsel nur unsere Steuerstühle umdrehen und schon fahren wir in die andere Richtung.« Mit seiner siebenköpfigen Stammbesatzung fährt er im Sieben-Tage-Wachdienst. Die nautischen Geräte und Überwachungsinstrumente sowie die umfangreiche Bordelektrik wurden von IS Interschalt installiert.

Während der Überfahrt stehen den Reisenden neben einem geräumigen, fremdverpachteten Gastronomiebereich rund 500 Sitzplätze zur Verfügung. Weitere 150 kommen in den Salons hinzu. Ebenso haben die Passagiere die Möglichkeit, sich auf den Sonnendecks aufzuhalten, die auch von mobilitätseingeschränkten Personen per Aufzug erreicht werden können.

Das Schiff wurde unter Aufsicht des GL gebaut, der ihm auch das Klassezeichen GL+100 A5 »RSA (SW)« Passenger Ship EU with open RoRo Cargo Ship MC AUT bescheinigte.

Die UTHLANDE sowie ihr Schwesterschiff SCHLESWIG-HOLSTEIN (in 2011 in Betrieb gesetzt) wurden im Frühsommer 2013 für ihr umweltfreundliches Schiffsdesign ausgezeichnet: Sie fahren nun mit dem Gütesiegel Blauer Engel.

»Für das gesamte W.D.R.-Team ist das eine tolle Bestätigung unserer vielfältigen Anstrengungen zum Schutz der Meeresumwelt«, freut sich Geschäftsführer Axel Meynköhn. Um das Umweltsiegel zu erhalten, musste das Design der beiden Fähren umfangreich geprüft werden – von den Motoren bis hin zur Schiffsfarbe.

Doch damit nicht genug: Im Mai 2011 erhielten die beiden Neubauten eine der weltweit begehrtesten Auszeichnungen für Passagierschiffe. Im Rahmen einer Fachtagung von Branchenexperten aus aller Welt wurden sie für ihr innovatives Fährkonzept mit dem ShipPax Award 2011 ausgezeichnet.

Symbol für Ökologie

Der Blaue Engel ist die erste und älteste umweltschutzbezogene Kennzeichnung der Welt für Produkte und Dienstleistungen. Stifter: die Vereinten Nationen. Sie haben es 1978 dem Bundesministerium für Umwelt, Naturschutz und Reaktorsicherheit übergeben. Für die Auszeichnung von umweltfreundlichen Produkten und Dienstleistungen. Was an Bord der UTHLANDE und der SCHLESWIG-HOLSTEIN als großes Schild an den Aufbauten klebt, findet man sonst nur auf Toilettenpapier oder Milchtüten. Der umweltfreundliche Schiffsbetrieb umfasst aber nicht nur die geregelte Entsorgung von Abfall, Abwasser, einen unschädlichen Unterwasseranstrich, sondern auch Sicherheitseinrichtungen sowie gutes Personalmanagement.

Schiffsinformation
Doppelendfähre MS UTHLANDE

Eigner: Wyker Dampfschiffs-Reederei W.D.R., Föhr-Amrum; Heimathafen: Wyk auf Föhr; Bauwerft: J. J. Sietas, Hamburg; Baujahr: 2010; Abmessungen: Länge: 75,88 m, Breite: 16,4 m, Tiefgang: max. 1,85 m; Antrieb: dieselmechanisch, 4 x Caterpillar-Dieselmotore Typ 3508; Leistung: 4 x 540 kW, Geschwindigkeit (max.): 12 kn; Propeller: 4 x Voith-Schneider; Transportkapazität: 1.200 Passagiere, 75 PKW

Mit seinem 31 Jahre alten, aber immer noch sehr gut erhaltenen Seitenfänger DIT 18 (JAN BRUHNS) ist Eigner Jan Bruhns auf Krabbenfang in der Nordsee unterwegs

Der Kampf der Krabbenfischer

Was haben Krabbenfischer in der Nordsee und Milchbauern in Deutschland gemeinsam? Beide verdienen zu wenig Geld an ihrem Produkt und fürchten um ihre Existenz. Beide wollen und müssen einen angemessenen Preis erzielen können.

Mit den Krabben ist es wie mit der Milch: Sie überschwemmen den Markt. Das drückt den Preis nach unten. Jan Bruhns, Krabbenfischer aus Ditzum am östlichen Dollart und 2. Vorsitzender der Erzeugergemeinschaft der Kutter- und Küstenfischer »Emsmündung e.V.«, weiß, weshalb zu viele Krabben aus dem Meer gefischt werden: »Nach der Einführung der Fangquoten auf Scholle, Seezunge und Kabeljau durch die EU sind immer mehr große Schiffe, überwiegend holländische, auf Krabbenfang umgestiegen, da dieser nicht quotiert ist. Die seien viel größer, stärker und wirtschaftlicher als unsere traditionellen Kutter.«

Mit ihren bis zu 24 m langen Stahlkuttern fangen die Niederländer täglich große Mengen und überschwemmen so den Markt mit den Garnelen. Ihre Netze sind prall voll, denn es gibt derzeit reichlich Krabben in der Nordsee. Und solange dies so ist, werden die Fischer wohl auch nicht mehr Geld für ihre Fänge erhalten. Die Großen halten sich nicht an die auferlegten Fangzeitbeschränkungen, da sie nicht in Erzeugergemeinschaften organisiert sind. »Von Mitte Dezember bis März fahren wir nicht raus – und in dieser Zeit verdienen wir auch nicht einen Cent. Wenn wir im Winter fischen würden, kein Mensch verbietet uns das, müssen wir viel Glück mit dem Wetter haben

und der Preis muss stimmen. Dazu kommt noch, dass es in der Winterzeit nicht so viel Krabben in unseren Gebieten gibt. Außerdem sind die Kraftstoffpreise zu hoch – deswegen lohnt es sich einfach nicht für uns.«

So nützt es den Ditzumern und ihren Kollegen auch nichts, dass die Quoten für Hering und Plattfisch von der EU gerade hochgesetzt wurden. Jan Bruhns: »Das ist für die hiesigen Küstenfischer vollkommen uninteressant, da es bei uns keinen Hering gibt und die Plattfische so weit entfernt von der Küste gefangen werden, dass wir dort mit unseren kleinen, knapp 20 m messenden Kuttern nicht hin dürfen. Für uns sind nur die Krabbenpreise wichtig und die werden auf holländischen Auktionen gemacht.« Und wie soll es weitergehen? Bruhns: »Das weiß keiner so genau.« Er fasst für 2011 zusammen: »Das war ein Katastrophenjahr.« Der rund fünfwöchige Streik im Frühsommer habe eine Zeit lang »annehmbare Preise«

Jan Bruhns in seinem Steuerstand

Die frisch gefangenen Krabben kommen sogleich in die Kühlhäuser und in den Handel

hervorgebracht – doch dann ging es wieder abwärts. »Wir können das nur mit mehr Fang und schnellerem Anlanden auffangen. Deswegen sind wir maximal nur noch 2 bis 2,5 Tage auf See und kommen dann so schnell wie möglich wieder in den nächsten Hafen. Die Frische des Fangs ist entscheidend.«

Für das Jahr 2012 kamen weitere finanzielle Belastungen auf die Fischer zu. Neue Vorschriften aus dem vorigen Jahr führten dazu, dass Bruhns einige Tausend Euro investieren musste, um weiterhin fischen zu dürfen. Eine automatische Feuerlöschanlage, ein elektronisches Logbuch, ein Radartransponder, ein Handfunkgerät – alles vorgeschrieben, nicht freiwillig. Die EU verlangt, dass Daten zur Satellitenüberwachung stündlich und nicht wie bisher alle zwei Stunden gesendet werden. Damit verdoppeln sich die Kosten – obwohl es im Krabbenfang keine Quoten gibt, die überwacht werden müssten. Dazu die schlechten Krabbenpreise, hohe Kraftstoffkosten und auch noch geänderte Fahrtbereiche: Hinter der Dreimeilenzone dürfen die Fischer nämlich nur noch 35 Mei-

len hinausfahren und in den über 2.000 genehmigten Offshore-Windparks darf künftig nicht mehr gefischt werden.

Fischwirtschaftsmeister Jan Bruhns

Der 53-jährige Fischwirtschaftsmeister Jan Bruhns und sein Decksmann Andreas Pruski

Im Ditzumer Hafen

sind Küstenfischer mit Leib und Seele. In dem beschaulichen Fischerdorf Ditzum mit den kleinen, roten Backsteinhäusern, lebt Bruhns' Familie seit zwei Jahrhunderten vom Fisch- und Krabbenfang. Mit dem Fischkutter DIT 18 – JAN BRUHNS fischen sie im Bereich der Emsmündung, im gesamten Küstenbereich der Niederlande, Deutschland, Dänemark und der Deutschen Bucht. Bruhns

ist Fischer, seit er 17 war. Er und seine Eltern kennen nichts anderes: »Früher haben wir aus der Ems den Aal 'rausgeholt. Neben Aal wurden auch Butt und Stint in den Stellnetzen gefangen. Als man 1983 mit den Emsvertiefungen und den Folgebaggerungen anfing, wurde der Fang von Jahr zu Jahr unrentabler.« 1985 wurde ein größerer Stahlkutter angeschafft. Im Gegensatz zu den früheren Eintageskuttern sind die aus Stahl gebauten Fischereifahrzeuge für mehrtägige Fangreisen ausgestattet. Der Krabbenkutter JAN BRUHNS wurde 1983 von der Schiffswerft Blumenthal, Bremen, gebaut. Die Kühlraumkapazität beträgt rund 390 Kisten à 20 kg, entsprechend etwa 7.800 kg.

Gefischt wird von März bis Dezember überwiegend die Krabbe (Granat). Von April bis Juli oder August wird bei saisonbedingten schlechter werdenden Krabbenfängen für einen kurzen Zeitraum von einigen Tagen auf Seezunge und anderen Plattfischarten gefischt. Die Fangreisedauer beträgt zwischen zwei und drei Tagen. Liegt das Fanggebiet vor der schleswig-

Die gekochten Nordseegarnelen müssen erst noch »gepult« werden, bevor man sie verspeisen kann

wird weitestgehend unerwünschter Beifang
vermieden.

Krabbenfischer setzen sich zur Wehr

Um dem Handel künftig Paroli bieten zu können, planten die deutschen Krabbenfischer
2012 einen großen Zusammenschluss.
»Wir arbeiten an einer Erzeugergemeinschaft aller Betriebe in Niedersachsen und
Schleswig-Holstein. Wir werden unsere
Krabben künftig selbst vermarkten.«

Auslöser für die neue Ausrichtung der
Fischer war ein nicht zu akzeptierendes
Angebot des niederländischen Großhänd-
lers Heiploeg, den auch viele ostfriesische
Fischer beliefert haben. Das holländische
Unternehmen hatte den Fischern angebo-
ten, im Schnitt mindestens 1,50 EUR zu zah-
len. Viel zu wenig, so die Krabbenfänger.
Um wirtschaftlich arbeiten zu können, be-
nötigen sie mindestens 3 EUR pro Kilo.

Nach Angaben des Vorsitzenden des
Landesfischereiverbandes Weser-Ems,
Dirk Sander, geht es deutschlandweit um
rund 180 Betriebe, etwa die Hälfte davon
in Niedersachsen. »Die Erzeugergemeinschaft wird die Krabben aus einer Hand
verkaufen. Wir lassen uns künftig vom Handel nicht mehr gegeneinander ausspielen.«

Krabbenfischerei ist wie Achterbahnfah-
ren: Es geht immer auf und ab! Nach schlechten Zeiten kommen wieder gute Zeiten. Die
Ditzumer Krabbenfischer haben sich darauf
eingestellt und sparen für schlechte Zeiten.

»Nach dem Tiefstpreis für Krabben vor
zwei Jahren hat sich das Einkommen für
uns stark verbessert. Positiv dazu beigetra-
gen hat sicherlich auch unser Zusammenschluss zur Erzeugergemeinschaft. Zurzeit
bringt das Kilo mit 7 bis 8 Euro mehr als je
zuvor. Das ist eigentlich zu viel, sagen die
Ditzumer, 3 bis 4 Euro wären besser.«

Wie die anderen Fischer benutzt Bruhns Trichternetze mit Fluchtöffnungen. Damit wird weitestgehend unerwünschter Beifang vermieden

holsteinischen Küste oder Dänemark, dauert diese zwischen fünf bis zehn Tagen.

Bruhns macht sich viele Gedanken um
Nachhaltigkeit und Kraftstoffverbrauchs-
Senkung. So hat er zum Beispiel unter die
Kurrklaue große Gummirollen montieren
lassen. Jetzt schleifen die schweren Gleit-
schuhe des Kurrbaums nicht mehr über den
Meeresboden, sondern sie rollen – das reduziert den Widerstand und der Motor muss
nicht mehr so hart arbeiten. »Mit den Rollen habe ich bis zu zwei Liter Kraftstoff pro
Stunde eingespart. Da kommen, über die
Zeit gesehen, schon einige Tausend Euros
zusammen.« Wie die anderen Fischer benutzt Bruhns Trichternetze mit Fluchtöffnungen. Praktisch ein Netz im Netz. Damit

---

Schiffsinformation
Krabbenkutter JAN BRUHNS

Fischereifahrzeug aus Stahl; Eigner: Fischereibetrieb Jan
Bruhns; Heimathafen: Ditzum; Bauwerft: Blumenthal, Bremen; Baujahr: 1983; Verdrängung: 50 BRZ; Abmessungen:
Länge: 19,75 m, Breite: 5,40 m, Tiefgang: 2,30 m; Antrieb: dieselmechanisch, 1 x Scania D16; Leistung: 368 kW; Kühlraumkapazität: 390 Kisten = 7.800 kg

Alle Ditzumer Krabbenfischer sind im Hafen

130

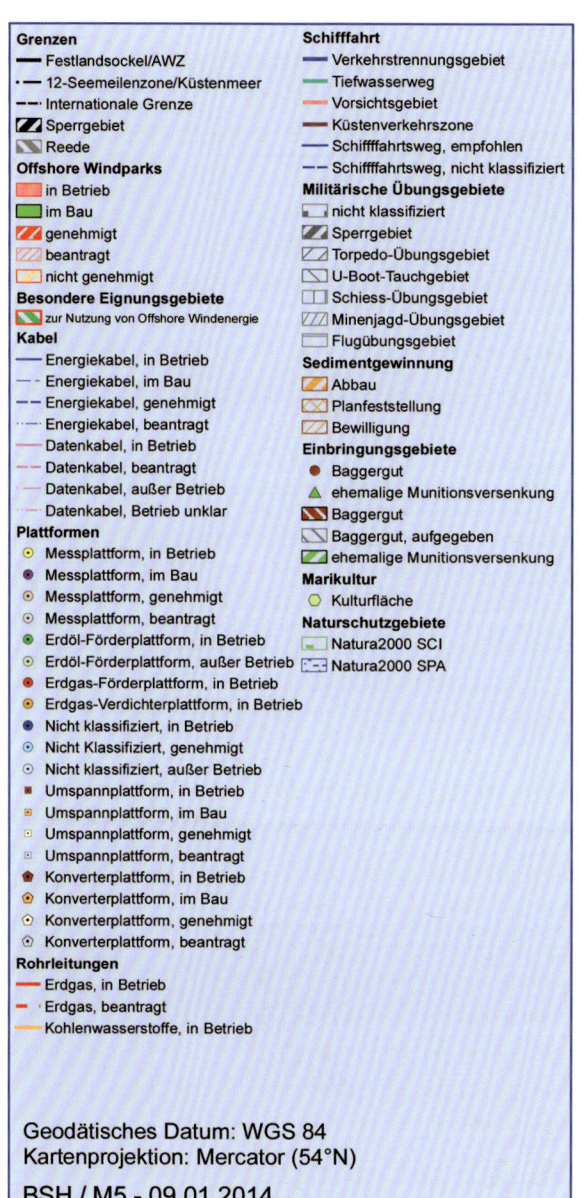

Grenzen
— Festlandsockel/AWZ
·— 12-Seemeilenzone/Küstenmeer
--- Internationale Grenze
▨ Sperrgebiet
▨ Reede
Offshore Windparks
■ in Betrieb
■ im Bau
▨ genehmigt
▨ beantragt
▨ nicht genehmigt
Besondere Eignungsgebiete
▨ zur Nutzung von Offshore Windenergie
Kabel
— Energiekabel, in Betrieb
-· Energiekabel, im Bau
-- Energiekabel, genehmigt
·· Energiekabel, beantragt
— Datenkabel, in Betrieb
-- Datenkabel, beantragt
Datenkabel, außer Betrieb
Datenkabel, Betrieb unklar
Plattformen
⊙ Messplattform, in Betrieb
● Messplattform, im Bau
⊙ Messplattform, genehmigt
⊙ Messplattform, beantragt
● Erdöl-Förderplattform, in Betrieb
⊙ Erdöl-Förderplattform, außer Betrieb
● Erdgas-Förderplattform, in Betrieb
● Erdgas-Verdichterplattform, in Betrieb
● Nicht klassifiziert, in Betrieb
⊙ Nicht Klassifiziert, genehmigt
⊙ Nicht klassifiziert, außer Betrieb
■ Umspannplattform, in Betrieb
▫ Umspannplattform, im Bau
▫ Umspannplattform, genehmigt
▫ Umspannplattform, beantragt
⬟ Konverterplattform, in Betrieb
⬟ Konverterplattform, im Bau
⊙ Konverterplattform, genehmigt
⊙ Konverterplattform, beantragt
Rohrleitungen
— Erdgas, in Betrieb
- Erdgas, beantragt
— Kohlenwasserstoffe, in Betrieb

Schifffahrt
— Verkehrstrennungsgebiet
— Tiefwasserweg
— Vorsichtsgebiet
— Küstenverkehrszone
— Schifffahrtsweg, empfohlen
-- Schiffffahrtsweg, nicht klassifiziert
Militärische Übungsgebiete
▨ nicht klassifiziert
▨ Sperrgebiet
▨ Torpedo-Übungsgebiet
▨ U-Boot-Tauchgebiet
▨ Schiess-Übungsgebiet
▨ Minenjagd-Übungsgebiet
▨ Flugübungsgebiet
Sedimentgewinnung
▨ Abbau
▨ Planfeststellung
▨ Bewilligung
Einbringungsgebiete
● Baggergut
▲ ehemalige Munitionsversenkung
▨ Baggergut
▨ Baggergut, aufgegeben
▨ ehemalige Munitionsversenkung
Marikultur
○ Kulturfläche
Naturschutzgebiete
▨ Natura2000 SCI
▨ Natura2000 SPA

Geodätisches Datum: WGS 84
Kartenprojektion: Mercator (54°N)
BSH / M5 - 09.01.2014

Anhang

Nordsee: Sämtliche Nutzungen und Schutzgebiete

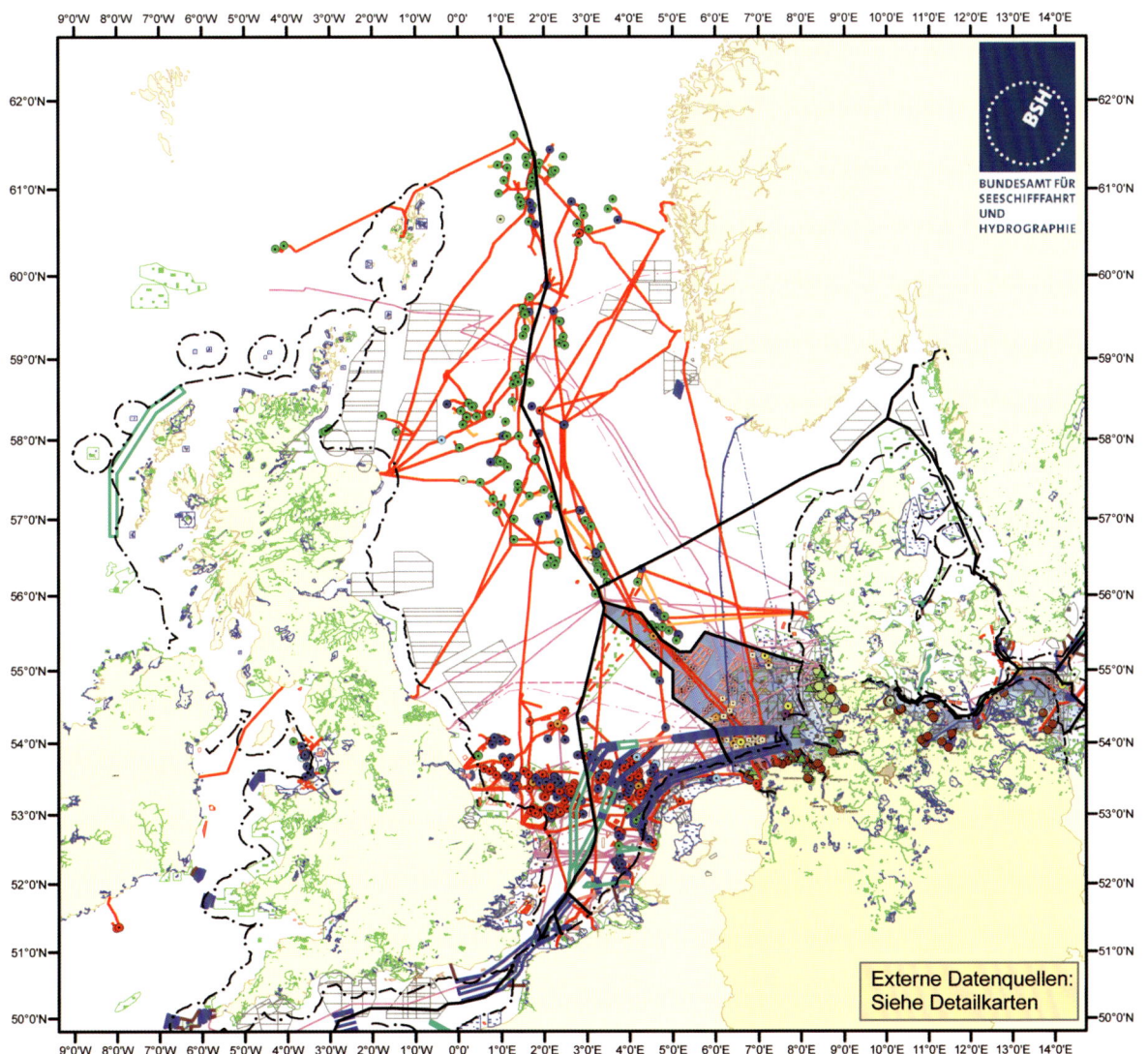

http://www.bsh.de/de/Meeresnutzung/Wirtschaft/CONTIS-Informationssystem/index.jsp

Protect the North Sea

Danksagung

Ohne die bereitwillige Unterstützung der Reedereien (Reederei Norden-Frisia, Wyker Dampfschiffs-Reederei, W.D.R., Schramm group, HGO InfraSea Solution, Emder Schleppbetriebe), SIEM OFFSHORE AS, Schifffahrtszeitungen »Schiff & Hafen«, »HANSA«, Wasser- und Schifffahrtsämtern (WSA), der Bundesanstalt für Landwirtschaft und Ernährung (BLE), des Bundesministeriums der Finanzen (Zoll), der Lotsenbrüderschaft Elbe, der Bundes- und Wasserschutzpolizei, des Windparkerrichters alpha ventus, die mir die Besuche und Begleitfahrten auf den vielfältigen Schiffstypen erst ermöglichten, und die vielen Gespräche mit den Besatzungen an Bord der Schiffe sowie den Langmut meiner Frau Sylvia wäre dieses Buch nicht möglich gewesen.

Mein Dank gilt auch den Seenotrettern, den Männern der DGzRS an Bord des größten deutschen Seenotrettungskreuzers HERMANN MARWEDE, die mir ihren alltäglichen Einsatz: »… in ständiger Alarmbereitschaft auf der Seeposition Deutsche Bucht vor Helgoland« hautnah vorführten.

Peter Pospiech

Quellennachweis

Reederei Norden-Frisia
Wyker Dampfschiffs-Reederei, W.D.R.
Hans Schramm & Sohn Schleppschifffahrt
HGO InfraSea Solution
Emder Schleppbetriebe
Wasser- und Schifffahrtsämter (WSA)
Bundesanstalt für Landwirtschaft und Ernährung (BLE)
Bundesministerium der Finanzen (Zoll)
Lotsenbrüderschaft Elbe
Bundes- und Wasserschutzpolizei
Windparkerrichter alpha ventus
TenneT BSO B.V
Deutsche Gesellschaft zur Rettung Schiffbrüchiger, DGzRS
Schifffahrtszeitungen »Schiff & Hafen«, »HANSA«
SIEM OFFSHORE

Glossar
Schiffstechnische bzw seemännische Fachbegriffe

Achtern	hinten
Achtermast	der hintere Mast eines Schiffes
Aggregat	meist dieselmotorgetriebene Anlage zur Erzeugung von elektrischer Energie
Ankerlieger	Schiff liegt vor Anker
Ankerspill	Winde zum Herablassen (Wegfieren) und Hochholen (Aufhieven) der Anker
Anmustern	Eintragen eines neuen Besatzungsmitgliedes in das Bordregister (Musterrolle)
Auf den Haken nehmen	eine Schleppverbindung herstellen
Ausflaggen	ein Schiff in einem anderen Staat registrieren lassen (z.B. wegen Steuervorteilen oder geringerer Betriebskosten)
Ausklarierung	behördliche Abfertigung vor dem Auslaufen
Außenbords	außerhalb des Schiffes
Back	Aufbau auf dem Vorschiff
Backbord	seit der Wikingerzeit die linke Schiffseite, in Fahrtrichtung gesehen, der einst ein Rudergänger den Rücken (engl. Back) zukehrte, der gegenüberstand, also rechts. Rechts wurde gesteuert, daher Steuerbord. Backbordseite rote, Steuerbordseite grüne Laterne
Barge	Schute, flaches offenes Wasserfahrzeug
Barkasse	größeres Motorboot
Beaufort	Sir Francis, britischer Admiral und Hydrograph, entwickelte 1806 die nach ihm benannte Beaufort-Windskala, die international den Wind anhand der Metersekunden-Geschwindigkeiten unterteilt. Gibt Auskunft über die Windstärke
Bilge	Raum im tiefsten Teil des Schiffes, in dem sich Wasser- und Ölreste sammeln können
Brecher	Welle mit überstürzendem Kamm
Brücke	Kurzform für Kommandobrücke bzw. Steuerhaus
Brückennock	äußerstes seitliches Ende der Brücke
Bug	vorderster Teil eines Schiffes
Bunkern	Übernahme von Treibstoff, Wasser und anderen Vorräten für eine Schiffsreise
Bootsdavit	Krananlage zum Ein- und Aussetzen der Rettungsboote

Links:
Das Festrumpfschlauchboot (RIB) wird zur Überprüfung eines Fischereifahrzeuges klargemacht

Bootsmann	der Mann, der das Schiff seemännisch in Ordnung hält und die Matrosen bei allen Arbeiten fachgerecht anleitet. Verbindungsglied zwischen nautischen Wachoffizieren und Deckspersonal
Bootsmanöver	wichtige Übung zum Aussetzen eines Rettungs- oder Beibootes
Bulleye	englische Übersetzung für Bullauge. Die internationale Bezeichnung der runden Schiffsfenster in Rumpf und Aufbauten
Davit	siehe Bootsdavit
Fahrstand	der Kontrollraum einer Schiffsmaschinenanlage
Fieren	senken, herunterlassen
Flaute	kein Wind
Fluten	einen Schiffsraum mit Wasser befüllen
Heck	hinterer Teil des Schiffes
Hieven	hochziehen oder hochwinden
Kimm	seemännischer Ausdruck für Horizont. Auf See der natürliche Horizont, d.h. die sichtbare Linie, an der sich Himmel und Wasser treffen
Klüse	ist eine verstärkte Öffnung in der Bordwand zur Durchführung von Ketten, Leinen oder Trossen. Am bekanntesten ist wohl die Ankerklüse
Kombüse	allgemeiner Seefahrtsbegriff für die Küche
Kümo	Küstenmotorschiff
Laschen	Sichern von Ladung gegen Verrutschen
Lee, Leeseite	dem Wind abgewandte Seite
Lenzen	leeren, leer machen
Logbuch	das Schiffstagebuch
Logis	Wohnunterkunft der Besatzungen auf Handelsschiffen
Lotsenleiter	Seeleiter zum Anbordkommen des Lotsen
Luv, Luvseite	dem Wind zugewandte Seite
MS	Motorschiff
Messe	Speiseräume der Besatzungen
Nautik	Lehre von der Führung eines Schiffes
Peilen	1. Fahrtrichtung bestimmen
	2. Füllstand eines Tanks oder Behälters feststellen
Pfahlzug	Schleppleistung, gemessen in Tonnen
Pier	Anlegestelle eines Schiffes
Poller	kurzer Pfahl aus Holz oder Metall zum Festmachen eines Schiffes
Pütz	Seemannsausdruck für jede Art von Eimern
Ramming	Ausdruck für Rammstoß oder Kollision
Reling	Geländer an Deck von Schiffen
Schäkel	Eiserner Schraubbügel zum Verbinden von Tauen oder Ketten
Schott	Wasserdichte Trennwand im Schiff
Spant	Gerüst/Gerippe eines Schiffes, auf dem die Außenhaut eines Schiffes verschweißt wird
Trosse	starkes Tau
Verholen	Bewegen eines Schiffes von einem Lade- oder Löschplatz zum anderen
Vorpiek	kleiner Raum ganz vorn im Schiff

Höhere Effizienz, mehr Sicherheit und bessere Manövrierfähigkeit für Offshore Versorger

Voith Schneider Propeller erhöhen die Effizienz von Versorgerschiffen für Offshore Anlagen gegenüber anderen Antriebslösungen deutlich. Die Voith Rollstabilisierung steigert die Sicherheit und ermöglicht Einsätze auch bei schlechter Witterung. Der VSP überzeugt durch exzellente Manövrierfähigkeit und ist daher bestens geeignet für DP-Operationen. Mit Voith bleiben Ihre Schiffe auf Kurs.

www.voith.de/schiffstechnik

Engineered Reliability

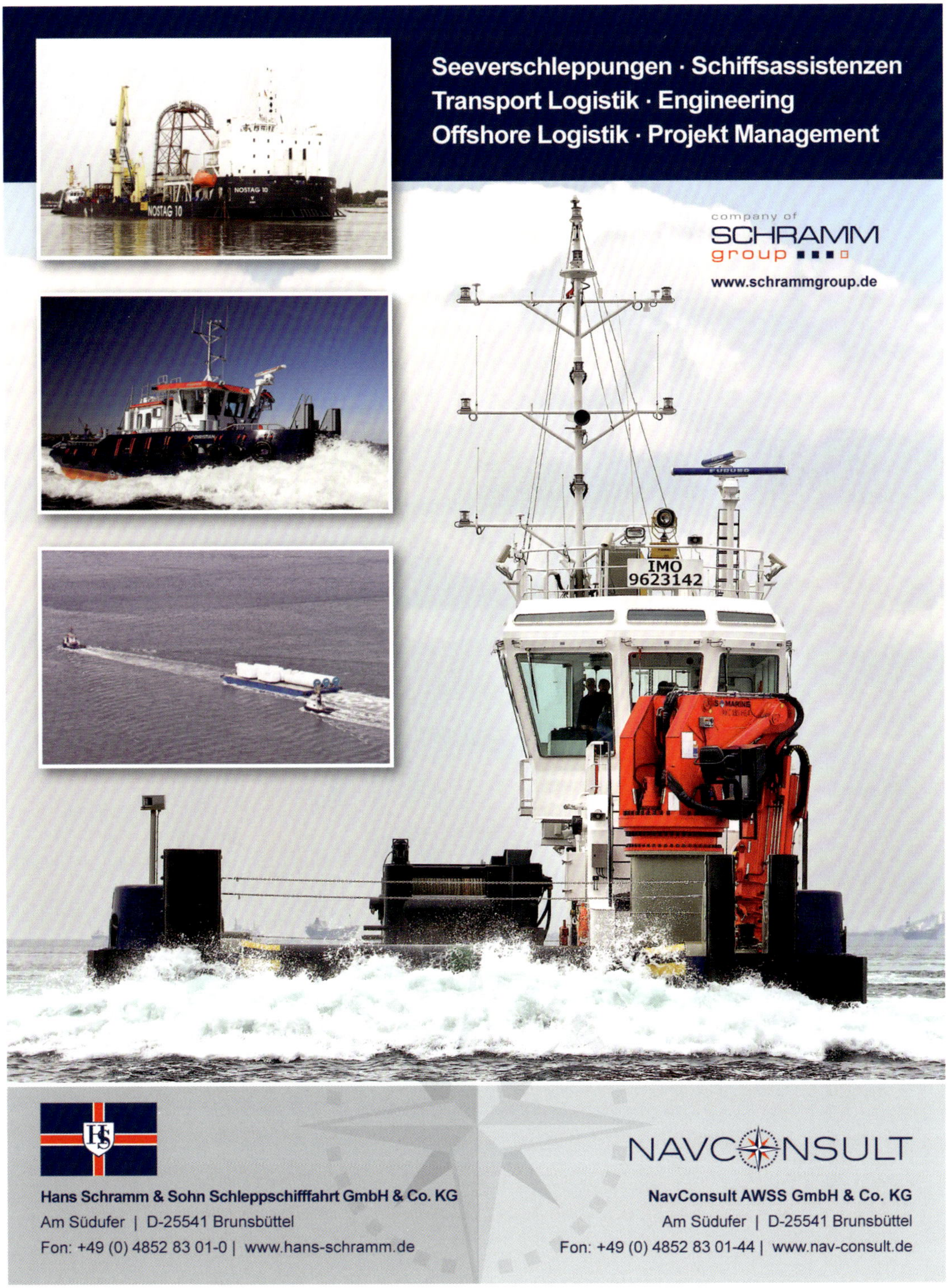
Seeverschleppungen · Schiffsassistenzen
Transport Logistik · Engineering
Offshore Logistik · Projekt Management
company of
SCHRAMM
group
www.schrammgroup.de
NOSTAG 10
IMO
9623142
Hans Schramm & Sohn Schleppschifffahrt GmbH & Co. KG
Am Südufer | D-25541 Brunsbüttel
Fon: +49 (0) 4852 83 01-0 | www.hans-schramm.de
NAVCONSULT
NavConsult AWSS GmbH & Co. KG
Am Südufer | D-25541 Brunsbüttel
Fon: +49 (0) 4852 83 01-44 | www.nav-consult.de

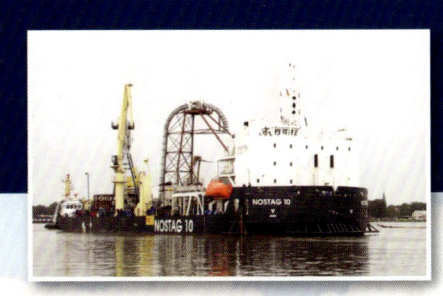

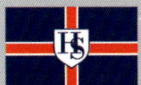

EMDER SCHLEPP-BETRIEB GMBH

Hafen-und Seeschleppdienste

Am Delft 6-7

D-26721 Emden

Telefon: +49 (0) 49 21 / 97 64-0

Telefax: +49 (0) 49 21 / 97 64-44

Postfach 13 30

D-26693 Emden

Internet: www.esb-tow.de

E-Mail: info@esb-tow.de

Arbeitsgemeinschaft
Küstenschutz

Starke Partner für eine sichere Küste!
www.kuestenschutz.com

MTU Baureihe 8000 für den Gasschutzbetrieb

MTU erfüllt auch individuellste Antriebswünsche.

Extreme Bedingungen verlangen Antriebssysteme, auf die man sich in jeder Situation verlassen kann. Deshalb vertraut die Arge „Küstenschutz" für den Notschlepper „Nordic" in der Nordsee auf eine Lösung aus dem Hause MTU. Denn mit speziell für den Einsatz in gefährlicher Umgebung entwickelten und zugelassenen Gasschutzmotoren ist der Notschlepper in der Lage havarierte Schiffe zu bergen, aus denen explosive oder giftige Stoffe austreten - und das mit einer Pfahlzugkraft von über 200t und einer Geschwindigkeit von mehr als 19,5 Knoten, was ihn zur Spitzenklasse der Spezialschlepper gehören lässt. Mit unserer Technologiekompetenz und unserem weltweiten Servicenetz sind wir in jeder Lage Ihr zuverlässiger und richtungsweisender Partner. **www.mtu-online.com**

Unser Customer Assistance Center für Vertriebs- und Serviceanfragen zu unseren Produkten erreichen Sie an 365 Tagen rund um die Uhr unter: +49 7541 90-77777 oder info@mtu-online.com

Power. Passion. Partnership.

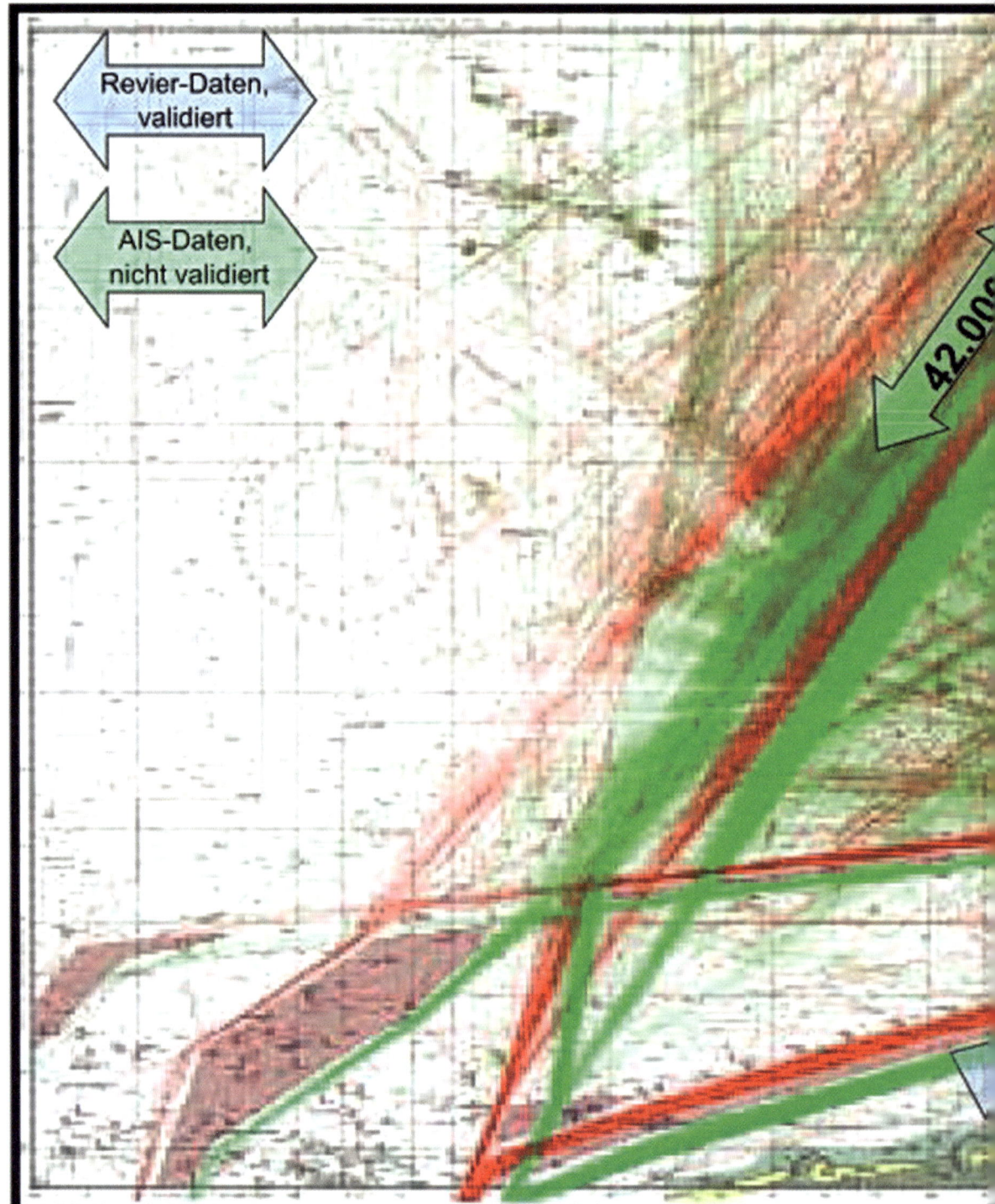